高等院校 IT 工程师职业规划教材

江苏省高等教育教改研究立项课题“依托深度校企合作的项目课程开发”成果

网络工程设计与实施

主　编　郭四稳　李　鹏　王继锋（CCIE#12481）

副主编　徐　婷　桑竟榕（H3CTE）　吕立辉（CCIE#30132）

参　编　陈　康　温　武　陈　超　刘志国（CCIE#20825）
赵　海（H3CTE）　祖佳伟（CCIE#40692）
胡建国（H3CTE）　冯子建（CCIE#26713）
程恒山（H3CTE）　尹恒海（CCIE#46851）
王　磊（H3CTE）　万　峰（CCIE#15150）

机 械 工 业 出 版 社

本书共8章，以“工程前期准备—工程方案设计—工程实施—工程收尾”为主线，以H3C设备为例，从实战出发，按照循序渐进的方式，全面、系统地介绍了网络工程项目实施的过程，并完整分析了两个实际案例。

为帮助读者深刻理解并掌握网络工程项目实施过程中的必备知识点、难点和易错点，本书配备了相关的微课视频，读者只需用手机扫一扫书中二维码，就可观看视频。

本书可作为高等院校计算机、电子信息类相关专业网络工程课程的教学用书，也可作为H3C网络技术培训或网络工程技术人员的自学参考书。

本书配有电子课件，凡使用本书作为教材的教师可登录机械工业出版社教育服务网 www.cmpedu.com 下载。咨询邮箱：cmpgaozhi@sina.com。咨询电话：010-88379375。

图书在版编目（CIP）数据

网络工程设计与实施／郭四稳，李鹏，王继锋主编.
—北京：机械工业出版社，2017.7（2024.7重印）
高等院校IT工程师职业规划教材
ISBN 978-7-111-57002-8

Ⅰ.①网… Ⅱ.①郭… ②李… ③王… Ⅲ.①网络工程-高等学校-教材 Ⅳ.①TP393

中国版本图书馆CIP数据核字（2017）第119841号

机械工业出版社（北京市百万庄大街22号 邮政编码100037）
策划编辑：杨晓昱　　责任编辑：杨晓昱
责任校对：潘　蕊　　封面设计：马精明
责任印制：邓　博
北京盛通数码印刷有限公司印刷

2024年7月第1版·第7次印刷
184mm×260mm·11.25印张·234千字
标准书号：ISBN 978-7-111-57002-8
定价：36.00元

电话服务　　网络服务
客服电话：010-88361066　　机 工 官 网：www.cmpbook.com
010-88379833　　机 工 官 博：weibo.com/cmp1952
010-68326294　　金 书 网：www.golden-book.com

机工教育服务网：www.cmpedu.com

高等院校IT工程师职业规划教材编审委员会

丛书序

Prologue

近年来，随着互联网的普及和信息技术的快速发展，IT 行业已经进入一个迅猛发展的阶段，互联网广泛地深入到我们生活的方方面面，IT 技术服务市场需求越来越大。据国内权威数据统计，未来五年，我国信息化人才总需求量将高达 1500 万 ~2000 万人。

为了满足信息技术产业的发展，国内多数高校、职业院校都开设了电子信息类、计算机类相关专业，但毕业生的就业前景却日渐黯淡。据权威机构调查，国内计算机类专业毕业生就业后的专业相关度仅为50%，并且毕业生就业三年后转换行业的现象非常普遍。究其原因，超过25%的毕业生反馈在校学习的课程知识较为陈旧，在校园里很难获得实际的项目操作经验，面对云计算、大数据等新型技术的兴起，自己所掌握的知识、技能和实践经验均无法满足企业需求。因此，IT 行业如今最普遍的问题就是，学历教育与企业实际需求相脱节。

2014 年 2 月 26 日国务院总理李克强主持召开国务院常务会议，部署加快发展现代职业教育。会议认为，发展职业教育是促进转方式、调结构和民生改善的战略举措。会议确定了加快发展现代职业教育的任务措施，提出大力推动专业设置与产业需求、课程内容与职业标准、教学过程与生产过程“三对接”，积极推进学历证书和职业资格证书“双证书”制度，做到学以致用。众多高校也开始注重学生职业能力的培养，学历教育和职业教育这两条原本没有交集的“平行线”，正在慢慢拧成“一股绳”。

在这一背景下，高等院校 IT 工程师职业规划教材编审委员会组织高校教师和企业经理共同编写了本系列职业教育教材，旨在提高在校大学生的职业技能，让他们了解行业的现状和发展，增强动手能力，能够在今后的工作中学以致用。

该系列教材的两大特色如下：

1. 内容与时俱进。随着技术的革新，IT 产品不断地更新、优化。本系列教材及时根据市场的需求和 IT 产品的升级更新知识体系，让学生能快速获取第一手专业化的最新技术知识和技术案例。

2. 职业实践性强。职业教育对促进就业、实现经济增长方式转变、促进地方经济社会发展的作用日益明显。本系列教材紧抓当代技术潮流，阐述了网络工程中会遇到的各类问题和难点，实践性强，有利于提高大学生实际动手能力，力求大学生在入职第一时间就能融入工作。

最后，谨向所有参与本系列教材研究、创编和推广应用的各位领导、专家和同仁致以由衷的感谢！

前言 Prologue

互联网极大地改变了人们的生产、生活方式。今天，世界上有超过30亿人使用互联网，人们根本无法想象回到一个没有网络，不能随时随地与朋友聊天、浏览新闻、观看视频或者在线购物的时代将会是什么样子。在这个计算机网络已经成为社会基础设施的时代，社会对网络系统的强烈需求形成了一个巨大的网络建设市场，因此也需要大量合格的网络工程师。

随着网络设备数字化的发展，“云—管—端”应用分工越来越细，企业都在重新定位、重新调整。“云”和网的融合，对企业市场的企业来说，既是机会，更是挑战。客户的需求不再是简单的技术与设备，甚至不是解决方案的“交钥匙工程”，而是应用和服务的整合交付，由此带来了大量的网络工程项目。

网络工程技术日趋成熟，但此类课程的教学却遇到了一些困难。按照项目工程规范教学，势必将课程变成宣贯式的“百科全书”；按照网络配置调试教学，又可能将课程变成千篇一律式的“技术手册”。建策科技长期致力于国内计算机网络培训和考试服务，在十多年的网络技术职业培训实施中不断探索，从行业视角形成了对网络工程教学的独到理解，即采用系统集成方法，系统地阐述企业网络的设计方法以及实施网络工程的过程管理方法。

本书以“工程前期准备—工程方案设计—工程实施—工程收尾”为主线，以H3C设备为例，将网络工程的基本概念、设计和网络工程建设的基本方法和技术结合起来进行介绍，并完整分析了两个实际案例。

为帮助读者深刻理解并掌握网络工程项目实施过程中的必备知识点、难点和易错点，本书配备了相关的微课视频，读者只需用手机扫一扫书中二维码，就可观看视频。

本书共8章，具体内容如下：

第1章介绍了网络工程的具体含义，以及工程中会涉及的一些基础知识，以便读者在以后遇到工程项目时能够更好地入手解决。

第2章介绍了网络工程实施前期的准备工作是如何进行的。工程的前期准备包括以下几方面的内容：合同的签订、工程成员的确定、工程的前期沟通、工程背景的了解、工程计划的拟定等。

第3章介绍了网络工程的方案设计，基于第2章收集的信息重点阐述规划一个工程设计方案的具体思路。

第 4 章介绍了如何按照设计的网络方案进行具体的工程实施。

第 5 章介绍了网络工程项目收尾阶段的相关工作，这也是 IT 信息类项目容易理解但较难操作的阶段之一。

第 6 章介绍几个非常实用的小工具，包括 HCL 模拟器、Wireshark、标杆的神器。

第 7 章结合前 6 章的全部内容，以一个实际工程项目案例带领读者一步一步切身体会该项目从诞生到交付的全过程。

第 8 章通过一个割接案例介绍了割接的完整流程。

本书是江苏省高等教育教改研究立项课题“依托深度校企合作的项目课程开发”（编号：2013JSJG447）成果。本书由郭四稳、李鹏、王继锋（CCIE#12481）担任主编，徐婷、吕立辉（CCIE#30132）、桑竟榕（H3CTE）担任副主编，陈康、温武、刘志国（CCIE#20825）、陈超、尹恒海（CCIE#46851）、赵海（H3CTE）、程恒山（H3CTE）、祖佳伟（CCIE#40692）、万峰（CCIE#15150）、冯子建（CCIE#26713）、王磊（H3CTE）、胡建国（H3CTE）参加编写。

感谢江苏省计算机学会秘书长南京大学杨献春教授、亚信 CMC 事业部刘斌诚经理对本书编写工作的支持！尽管编者花了大量时间和精力来编写本书，但由于自身水平有限，书中仍可能存在一些不足之处，敬请各位读者批评、指正，万分感谢！

编　者

目录 Contents

第4章 工程实施 //075

第1章 网络工程基础知识

近年来计算机网络行业蓬勃发展，随着云计算与大数据的出现以及超大规模数据中心的加快部署，全国各地关于网络工程的构造项目越来越多。为了满足各类网络工程项目的需求，最大化利用资源完成项目构造，就要求每一位网络工程师更加专业、更加高效。

什么是网络工程?

网络工程中有什么实施原则?

网络工程中涉及了哪些角色?

这些基础又必要的知识，将在本章中做一个全面的介绍，让读者对网络工程进一步熟悉，以便以后遇到工程项目时能够更好地入手解决。

1.1 网络工程的定义

一般意义上的工程是以特定专业技术为主体和与之配套的通用、相关技术按照一定的规则所组成的，为了实现某一目标的组织、集成活动。而所谓的网络工程，就是通过专业的技术把功能分散的网络设备进行有效整合，满足企业的生产需求，达到让客户满意的生产活动要求。

可以从以下几个方面加强对工程的了解：

1）工程的表现形式。通常所说的工程都是以系列的技术为载体的，或者说工程就是特定的专业技术的集合，即按照一定的规则去使用相关技术最终实现的就是工程。所以技术是工程的基础或者单元，工程是技术的集成过程和集合体。

2）工程的内涵。光有技术还不够，工程并不是技术的简单堆砌、拼凑，而是需要按照通用的、特定的规则，再结合客户的要求构成的有机体。

3）工程的种类。在人类生存、发展的历史长河中，出现了各种不同种类的工程，例如建筑工程、软件工程、IT集成工程等。

网络工程属于IT集成工程。对于企业而言，构造完善的IT基础设施已经成为发展的最重要标准之一，因此，众多厂商也长期致力于使用网络技术为用户构造其所需要的IT基础设施，也就是所谓的“工程实施”，如图1－1所示。而工程的实施需要网络工程师按照与用户签订的合同要求和相关技术规范，利用自己的专业知识将IT软硬件整合在一起，形成一个高效完善的网络构架，其承载着客户的应用需求，满足客户的业务要求。

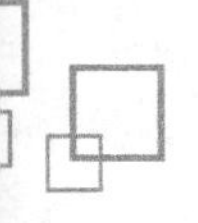

图 1-1

1.2 网络工程的实施原则

从网络整体性能上考虑，IT 工程实施需要遵守以下原则（图 1-2）：

1. 规范性

使用开放、标准的主流技术和协议完成网络构架，确保网络系统的开放互连。

2. 可靠性

在客户的业务开展依赖于网络系统的情况下，客户就会对网络的可靠性有着很高的要求，例如要求网络能够保证日常运行，面对突发的网络故障不会导致业务中断，对于网络的可靠运行时间需要达到 99.999% 等。

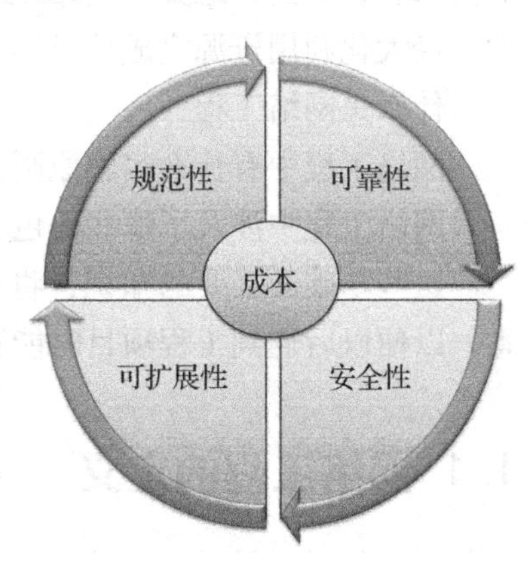

图 1-2

面对这些，需要通过考虑冗余连接以及设备自身的冗余来保证系统几乎不间断为用户提供服务，提高网络对故障的容忍度。在工程师完成网络构造后，网络中的硬件和软件能够高效地在客户局点运行，满足用户的一系列业务需求和服务应用。

3. 可扩展性

网络采用了分层化、模块化的设计，以应对客户需求的不断变化。网络系统的建设是逐步进行的，需要在网络规模和性能两方面进行一定程度上的扩展。如果所面对的客户其业务在今后几年有扩张的计划，那么在规划其网络整体构架的时候就需要留有一定的余量，以保证在网络的生命周期内能够很好地适应客户业务增长的需求。

网络的扩展性分成两种类型，一种是站点数量的增长，即网络接入用户数量的增多；另一种是性能需求增长，即随客户业务流量增加对性能要求的提高。

4. 安全性

所谓安全性就是确保网络系统内部数据的存储及数据传输、访问的安全，避免非法用户强制访问系统内部、攻击网络系统并阻碍正常运行，乃至窃取重要的数据信息。

而从企业成本上考虑，IT 工程实施则需要遵守以下一些原则。

首先要确定网络项目的商业意义，这是网络项目得以存在的最根本原因。一个项目的产生都有来自客户商业层面的需求，比如增加利润、削减成本、提高生产效率等，这些均是合理的商业出发点。所以在规划阶段，明确客户的商业需求并在后续工作中尽量帮助客户达成目的，才是一个项目真正的成功标准。

此外，网络工程实际实施的过程中，还要参考企业的商业目标。网络项目的典型商业目标举例如下：

1）削减企业运营成本，提高员工工作效率。

2）加快业务的处理流程，提高企业的市场竞争力。

3）支持业务的扩张，网络扩容至新的区域，或者网络扩容到更高的性能。

4）支持新业务开展，扩展网络功能。

5）提高网络的可靠性，保证业务的持续稳定。

6）降低总体通信成本等。

从总体上看，网络工程实施的原则关键在于网络的高性能和实施成本之间的平衡。

1.3 网络工程的角色

一个完整的网络工程项目一般包含整个弱电工程项目，内容所涉及的不仅仅是设备调试。在实施工程项目的过程中涉及很多人，而每个人根据他们的分工不同承担着不同的角色。因此，下面依据人员以及企业的定位，列出与工程相关的几种重要角色，分别进行介绍，以便读者更好地理解网络工程实施中所涉及的各类关系。

1. 从人员的定位考虑

1）客户：又称最终用户，依据本企业需要，提出明确的需求，确定最终项目实施方案，并在项目实施过程中，配合项目实施方完成工程实施，对工程的最终交付进行验收。

2）项目经理：作为项目的总负责人，统一把控项目进度、成本；承担工程项目的质量保证；对项目实施过程进行管理和监控，并对客户的满意度负责。

3）服务经理：负责项目周期中的工程师服务评审，确定工程服务模式，为工程施工协调相关资源，一般由售前工程师担任。

4）技术负责人：工程项目的第一技术负责人，确保项目技术质量达到客户要求；负责项目把关、验收、交接。

5）施工经理：重大项目施工可能覆盖范围很广，项目经理很难独自把控整体工程进度与质量，这时就由施工经理负责其职责内的具体实施管理以及服务商内部资源管理和调度，配合项目经理审查、监控项目内容以满足项目需求。

6）工程师：主要是售后工程师，即工程项目的具体实施人员。大型网络工程项目中所涉及的综合布线、设备调试等其他弱电项目都有其相对应的工程师，要求工程师技术功底扎实，能够独立解决大部分的网络基础故障。而在较小的项目中施工经理可能同时就是工程人员，负责具体工程的安装。

2. 从企业的定位考虑

1）最终甲方：项目的发起者，提出网络改造或者网络施工的需求，再以招标的形式公

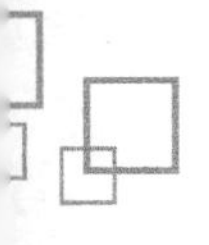

开寻找合作公司。

2）系统集成商：负责整体项目完成，包含整个弱点工程项目，比如综合布线、安防监控、视频门禁、设备供货、设备调试等，一般情况下直接面向系统集成商，这时相对于最终甲方来说，称为乙方。但是大部分情况下，系统集成商可能没有比较好的渠道或者技术去完成设备供货以及设备调试的技术，这个时候系统集成商就需要寻找代理商把项目中这一部分的内容分给他们去做（这时针对项目来说，系统集成商称为总包商，代理商则称为分包商）。

3）代理商：又称为渠道商、分包商，一般指只代理某厂商或者各厂商的设备并提供技术支持服务的公司。代理商又依据资质的不同分为不同级别。以 H3C 公司的某代理商为例：针对设备销售有金牌代理商、银牌代理商；针对技术支持方面，依据公司内工程师级别资质有二星级到五星级代理（星级越高，资质越高）。项目工程中，某代理商从系统集成商方面签订某份工程项目合同，系统集成商称为甲方，最终客户称为最终甲方。

4）厂商：网络设备的生产商，如 H3C、华为、思科等。厂商可提供原厂技术支持服务。针对工程项目来说，厂商只辅助其他代理商、系统集成商完成客户项目，不直接参与具体项目中。

通过学习以上的角色定位，能够更好地了解网络工程实施所涉及的方方面面。只有协调好各方面的关系，统筹安排好所需要的各个角色，才能更出色地完成项目。

课堂小测试

1. 从网络性能上看，网络工程需要遵守哪些原则？（ ）

   A. 可靠性　　B. 可扩展性　　C. 安全性　　D. 规范性
2. 简单地描述一下网络工程的定义。
3. 简述网络工程所要遵循的原则。
4. 列出网络工程包含哪些角色，并描述他们的性质。

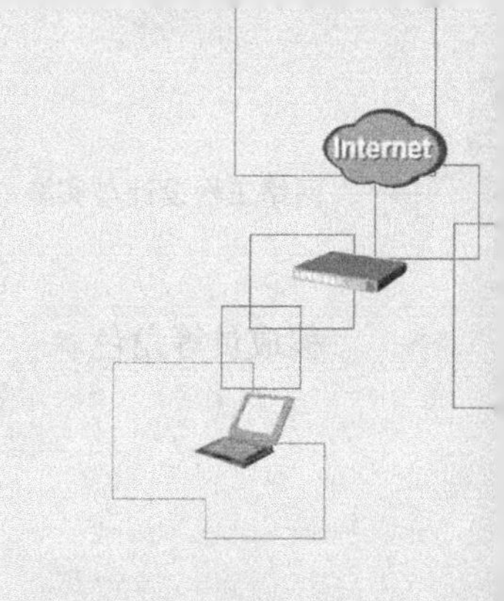

第2章 工程前期准备

对于一个网络工程的实施，前期的准备也是至关重要的。而工程的前期准备包括以下几方面的内容：合同的签订、工程成员的确定、工程的前期沟通、工程背景的了解、工程计划的拟定等。

2.1 合同的签订

在开始一项工程之前，首先要签订合同。依法签订的合同受到法律的保护，即自合同签订起，合同当事人都要接受该合同的约束。当事人发生合同纠纷时，合同书就是解决纠纷的根据。

那么，合同是怎么产生的呢？在大多数情况下，厂商会采取渠道销售的模式，在这种模式中合同（即订单）的产生过程如下：

1）例如，客户需要购买IT设备以搭建网络系统满足业务发展需求。通过招标，中标的销售代理商（二代）与客户签订设备采购合同。

2）二代与厂商的出货代理商（总代）签订合同（二级订单），采购所需设备和服务（其中可能包括工程服务）。

3）总代与厂商签订设备采购合同和服务合同，形成产品一级订单和服务订单，厂商再根据订单提供所需设备和服务。

特殊情况下，很多厂商也会直接与客户签订设备购销合同，称为直销或直签合同。

常见的设备采购合同范本如图2-1所示。

2.2 工程成员的确定

当工程项目合同签订之后，就需要确定项目经理的人选，因为整个项目的协调都需要项目经理穿针引线。项目经理在一项工程中负责协调多方关系，是工程的第一负责人。一个合格的项目经理，需要对项目的工程技术和施工情况进行质量控制、成本控制和科学管理，负责对公司所开放的项目建设工期、工程质量、施工安全、各方协调、工程成本等进行全面的控制、管理、监督。

确定好项目经理之后，由项目经理组建项目组。项目组中包含该工程的技术负责人、工

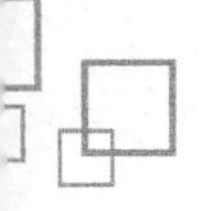

程成员等角色。

设备采购合同范本

买方：________（以下简称甲方）

卖方：________（以下简称乙方）

经甲、乙双方充分友好协商，就购买________项目特订立本合同，以便共同遵守。

一、设备的名称、规格型号、质量及数量____________________

二、合同价格

设备总价为人民币（大写）：________

总价中包括设备金额、包装、运输保险费、装卸费、安装及相关材料费、调试费、软件费、检验费及培训所需费用及税金。

本合同总金额不得做任何变更与调整。

三、合同生效

本合同经双方签字后生效。

四、付款方式

货物验收合格，设备安装、调试运转正常，乙方为甲方培训结束、甲方无疑问后，甲方向乙方支付合同总价100%货款。

五、交货、包装与验收

1. 交货地点：按甲方指定的地点。

2. 交货时间：合同生效后________日内。

3. 乙方将货物一次运至交货地点。并于到货前24小时将到货名称、型号、数量、外形尺寸、单重及注意事项等，以书面形式通知甲方。

4. 设备包装应符合国家标准，以保证设备在运输过程中不受损伤，由于包装不当造成设备在运输过程中有任何损坏或丢失，由乙方负责。

5. 设备由乙方负责送到施工现场，由乙方负责运输、卸车。

图 2－1

前面说过，技术负责人就是工程项目的第一技术负责人，确保项目技术质量达到客户要求；而工程成员是工程项目的具体实施人员，需要负责网络工程项目中所涉及的综合布线、设备调试等其他弱电项目的实施。

如果工程项目覆盖区域过大，项目经理无法对项目质量、安全进行直接把控，就需要筛选出适合的施工经理人选。施工经理负责其职责内的具体实施管理以及服务商内部资源管理和调度，负责对应区域内的工期、质量、安全、协调等。然后再由施工经理确定工程师人选，最终组成一个项目组，如图2－2所示。

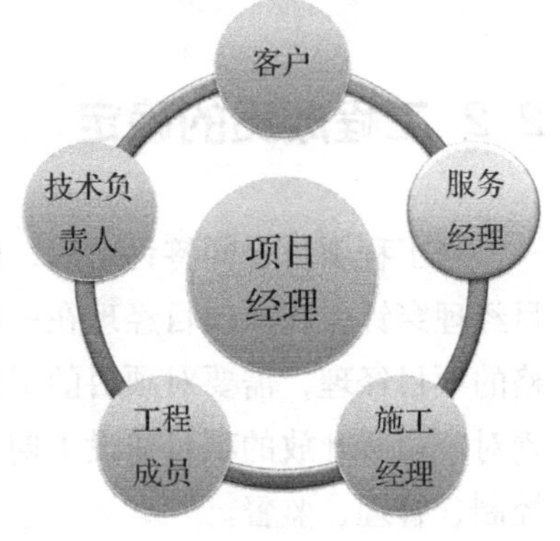

图 2－2

工程成员的确定非常重要，因为在整个工程项目的实施过程中，所有的成员必须齐心协力、加强合作才能交出一份满意的答案！这里分享一个小故事，希望读者看到这则故事能有所感悟。

三只老鼠同去一个很深的油缸偷油喝，够不到油喝的它们想了一个办法，就是一只老鼠咬着另一只老鼠的尾巴，吊下缸底去喝油，大家轮流喝，有福同享。

第一只老鼠最先吊下去喝油，它想："油就这么多，大家轮流喝一点儿也不过瘾，今天算我运气好，干脆自己跳下去喝个饱。"夹在中间的老鼠想："下面的油没多少，万一让第一只老鼠喝光了，那我怎么办？我看还是把它放了，自己跳下去喝个痛快！"第三只老鼠也暗自嘀咕："油那么少，等它们两个吃饱喝足，哪里还有我的份儿？倒不如趁这个时候把它们放了，自己跳到缸底饱喝一顿。"

于是，第二只老鼠狠心地放开第一只老鼠的尾巴，第三只老鼠也迅速放开第二只老鼠的尾巴，它们争先恐后地跳到缸里去了。最后，三只老鼠都淹死在油缸里。

感悟：团队成员之间只有真诚合作，才能顺利实现团队目标。每一位成员都应忠诚地对待自己的工作，不能因个人私利而置企业和他人利益于不顾。只有这样，才能形成凝聚力、增强战斗力，最大化地挖掘企业发展的潜力。

2.3 工程的前期沟通

在工程实施之前要明确一件事，即网络工程并不是单独对设备进行安装或者调试，而是一个结合综合布线、强弱电项、设备安装调试等的完整系统。要做好这个庞大系统的实施工作，不仅需要有相关的配套设施，还需要在整个实施过程中高效地和相关系统的管理维护人员进行沟通配合，尤其是在工程实施的前期，有效的沟通能帮助施工方更好地了解客户的需求，为今后项目的顺利开展打下良好的基础。

在网络规划阶段要尽可能详尽地了解客户的具体需求。很多时候客户在工程初期只有一个模糊的、笼统的想法，并不能够全面、精确、详细地描述项目目标，也无法专业解答工程师提出的问题。因此在这个阶段，需要跟客户进行详细深入的交流，正确掌握客户的诉求，为网络设计等后续工作提供准确的目标信息。

在网络规划阶段虽然无法进行详细的技术设计，但是需要跟客户沟通确定技术的方向与路线，明确客户的技术倾向，掌握客户的重大关切点和禁忌，避免在后续设计中走弯路，浪费时间和人力等资源。

工程前期的主要工作是沟通，通过沟通获取各种项目相关信息。而沟通的方式多种多样，下面列举几种和客户有效沟通的方式：

1）最常用、最高效的调查方式就是当面与客户交流，一般在项目合同签订前或者工程实施前由服务经理完成，面对面地去询问工程的相关信息。这种方式客户感知较好，可以灵活设置话题，但是工作量较大，还要考虑客户空闲时间的安排，难度较大，所以一般只针对客户中的重点人物采取这种方式。

2）采用表格的方式进行调查。这种方式需要预先设计问题，调查对象的覆盖面会比较广。

3）采用电子邮件的形式，或者其他通信工具进行调查，但这些方式相对不正式，建议在与客户的交往有一定的深度后，作为项目调查的补充方式。

4）为了深入了解客户的业务流程及具体的网络需求，可以考虑由项目经理或者施工经理到达实际现场勘察（又称为场堪，如无线项目中建议必须场堪，从而了解无线 AP 的部署情况），从专业的角度了解现场环境、综合布线情况等，引导客户对相关问题进行解答。

在取得关于网络项目的各方面信息之后，需要对这些信息进行初步的分析筛选，考虑各个需求的可实现性和相互之间的关系。例如，网络性能与项目经济性、网络的安全性与使用的便利性等相互之间的平衡与妥协。对这些需求的分析结果需要与客户再次进行讨论，对侧重点和妥协方式取得共识。另外，还需要同客户沟通确认项目实施所必需的一些前提条件，例如进入机房的手续、环境配套的需求等，以文档的形式提前做好相应的准备工作并转交给项目工程中的其他参与人员，便于后续施工的顺利推进。

轻松一刻

有一则小笑话，原文如下：

小宇明天要参加小学毕业典礼，他高高兴兴地上街买了条裤子，可惜裤子长了两寸。吃晚饭的时候，趁阿婆、妈妈和嫂子都在场，小宇把裤子长两寸的问题说了一下，饭桌上大家都没有反应，饭后也没有再提起这件事。

后来妈妈临睡前想起儿子第二天要穿的裤子长两寸，于是就悄悄地把裤子剪好、缝好放回原处。半夜里，被狂风惊醒的嫂子突然想小叔子的裤子长两寸，于是披衣起床将裤子处理好又安然入睡。第二天一大早，阿婆醒来给孙子做早饭时，想起孙子的裤子长两寸，马上“快刀斩乱麻”。

结果可想而知，小宇只好穿着短四寸的裤子去参加毕业典礼。

感悟：这则小笑话告诉我们，沟通不畅不仅不能为企业带来效益，反而会造成管理混乱、效率低下。在一个工程中，沟通是尤为重要的，只有进行充分的沟通，在沟通的基础上明确各自的职责，才能搞好协作、形成合力，从而完美地交付工程。

2.4 工程背景的了解

1. 工程的整体背景

在调查工程需求前，首先要对工程背景进行一定的了解，在此基础上进行调查就可以有的放矢，从而避免犯一些常识性的错误，同时也会给客户留下一个好印象。

首先，网络已经渗透到各行各业中，成为很多公司必不可少的一部分。但是因为各个行业的业务都有自己的特点，所以相应的网络解决方案也会有一些差异。因此，了解项目所处的行业，掌握该行业的特点，收集一些该行业的典型解决方案，可以很好地帮助我们进行后续工作。

很多时候在项目正式开展之前，会与最终用户的负责人员相配合，以便掌握客户想要达到的目的。这样在后续工作开展时可以抓住关键，紧密围绕核心目的展开工作；在具体工作中，也可以灵活操作，优化某些细节以达到节约投资、提高效率的结果。

一般企业的网络都是用来承载具体的企业业务的。对这些业务进行基本的了解，掌握这些业务的业务种类、数据流向和数据流的特点，能够在后续的设计及实施中提出有针对性的解决方案，规避风险。

2. 客户组织成员的情况

客户作为一个组织，有众多的部门和人员。对于一个具体的项目，各个部门因为立场的差异，会有不同的意见。在项目前期对客户的组织结构进行大概的了解，掌握相关人员对项目的诉求差异，这样在推进具体工作时，能够抓住关键，做出正确的决定。

在项目启动后，客户一般也会成立一个项目组，组内最主要的两位成员是项目主管和项目联络人。项目主管一般负责技术性工作，例如技术方案的确定等；项目联络人一般负责事务性的工作，例如接待工程人员出入工作场所等。在规划设计阶段，一般跟项目主管沟通交流比较多；在项目实施阶段，则跟项目联络人的接触比较多。在一些小项目中，这两个角色可能由同一个人承担。

项目的商务决策一般由客户单位中更高层级的人员负责，也许是项目部门的部门领导，也许是分管该部分工作的高层领导。这个层面的沟通一般由销售人员或项目实施单位的高层领导负责，技术人员掌握基本情况主要是为了在某些特殊情况下避免出现不可控的意外。

项目的最终用户，一般与客户的项目组成员并非同一组人；或者可以说最终用户常常也是客户项目组的客户，取得最终用户的认可是客户和实施方两个项目组共同的目标。

网络项目在各个工作阶段会涉及客户内部的不同部门和各部门人员，弄清楚客户单位的项目操作流程，掌握各个阶段涉及的部门和人员，特别是拥有签字权的负责人，在项目的推进过程中取得他们的认可和配合，对于项目开展有重要意义。

3. 工程项目范围的确定

在项目规划阶段，需要确定项目的范围，后续的很多工作都是基于这个范围进行评估的，例如整个项目的工作量、项目的预算等。从细的方面来说，项目的范围还可以从以下3个方面进行界定：

1）覆盖范围：首先是网络的延伸范围。例如要确定需要建设的网络究竟是一个全国性的网络还是仅覆盖一个省的网络，具体的延伸范围是到县一级还是要到乡镇级基层单位，这些都是在项目实施之前需要确定的。如果是一个园区网项目，也需要了解网络覆盖哪些建筑物，建筑物内又有多少信息点位等信息。

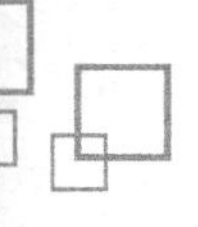

2）工程边界：一个网络工程不可能孤立存在，网络设备的安装需要相关系统的配合，包括机房工程、配套电源、空调系统、弱电工程等。在规划阶段，需要明确项目主体与这些系统的职责和分工边界，避免在后期的工程中出现扯皮现象。

3）功能边界：一般很难遇到一个从零开始建设的网络项目，很多网络的改造项目都是为了实现某个特定的功能需求，例如接入某个业务系统、优化改造以提高网络的安全性等，在规划阶段需要确认本项目需要实现的功能，而其他相关部分则作为前提或外部条件出现在项目之中。

4．项目配套的工程

一个网络项目并不能够独立存在，它需要一系列相关系统的配合。这些相关的系统，常常不是网络项目本身需要解决的问题，但是对于网络项目的顺利实施又是至关重要的，所以在网络项目的规划阶段，至少需要划定项目边界，给出清晰的边界条件。

与网络工程相关的边界主要有以下两个方面。

1）设备安装条件：包括安装空间、供电、空调等。所有网络设备均要提供物理尺寸、功耗、重量、工作温度范围等一系列的参数，安装的机房需要提供相应的条件。一个标准的网络机房应考虑到机房楼层、综合布线、强电环境、防尘、防雷、防潮、温度控制等因素。

2）网络线路：项目中需要使用到的连接线，包括客户自己负责的局域网布线和租用的广域网线路。局域网的布线一般作为一个独立的弱电工程出现。

5．外部风险的控制

项目存在于一个复杂多变的环境中，通常项目组能够控制或影响的仅仅是一些跟项目直接相关的事件，而项目所在的大环境导致的风险对项目组来说只能采用预防规避等方法进行控制。

常见的外部风险有以下几种。

1）政策法规：任何项目都必须遵守政策法规，特别是一些国际性的项目，需要了解并遵守当地的法律法规。同时，要注意法律法规的变动情况和当地真实的法律环境。

2）社会环境：在项目实施过程中，项目组成员要了解并适应当地的社会环境，包括治安情况、宗教信仰、生活习俗以及民众的日常行为方式等。

3）自然灾害：包括但不限于地震、风暴等各种自然灾害。这些灾害小则影响项目进度，大则毁坏整个项目成果。

4）金融财务：宏观经济的变化可能会使项目的财务情况发生变化，例如汇率的变动、国家利率调整以及通胀等因素，都会导致项目利润率的变化。

5）配套协作：项目涉及的一些外部协作系统，例如外贸周期、配套项目质量工期等问题。

在规划阶段，要识别以上这些风险，采用各种方法削减这些风险导致项目失败的可能性。例如在项目的商务合同中，把某些情况归类为不可抗力，作为免责条款出现；或者在项目规划方案中，划分各方职责，提供明确的工程界面和质量要求。

2.5 工程计划的拟定

项目经理掌握项目信息之后，需要召开工前协调会，制订项目计划，然后将项目计划提交给客户评审，客户同意计划后，后期项目的实施就需要按照这个项目计划完成。

在此举一个工程的例子，帮助读者更好地了解计划的形成过程。

项目背景：A 公司作为一个大企业，在多地设有子公司，现在想进行企业网络的改造。该工程最终转包给星级服务商 B 公司。B 公司对该工程非常重视，迅速调集全国各地优秀工程师组成项目组，对该项目进行支持。

在这里，仅列举北京、上海、南京 3 个节点的实施情况。

一般情况下，在实施工程前，项目经理会将工程任务细分为方案输出、工程环境准备、到货验收、安装调试和业务切换 5 个子任务，然后从客户要求切换的日期倒推出各个任务的计划完成时间，并同时确定各个子任务的负责人（负责人不仅包括实施人员，还包括客户的工程配合人员）通过汇总成的表跟踪项目整体实施进展，定期向客户领导汇报，便于客户领导掌握项目情况，有利于推动客户完成其所负责的工作。

通过前期对工程的沟通和了解，最终列出的计划见表 2－1。

表 2－1

<table>
<tr><th rowspan="2">序号</th><th rowspan="2">节点</th><th colspan="3">方案输出</th><th colspan="3">工程环境准备</th><th colspan="3">到货验收</th><th colspan="3">安装调试</th><th colspan="3">业务切换</th></tr>
<tr><th>计划完成时间</th><th>实际完成时间</th><th>责任人</th><th>计划完成时间</th><th>实际完成时间</th><th>责任人</th><th>计划完成时间</th><th>实际完成时间</th><th>责任人</th><th>计划完成时间</th><th>实际完成时间</th><th>责任人</th><th>计划完成时间</th><th>实际完成时间</th><th>责任人</th></tr>
<tr><td>1</td><td>上海</td><td>4 月 10 日</td><td></td><td rowspan="3">张工</td><td>4 月 20 日</td><td></td><td>客户 A</td><td>4 月 25 日</td><td></td><td>张工</td><td>4 月 30 日</td><td></td><td>张工</td><td>5 月 05 日</td><td></td><td>张工</td></tr>
<tr><td>2</td><td>南京</td><td>3 月 20 日</td><td></td><td>4 月 20 日</td><td></td><td>客户 B</td><td>4 月 25 日</td><td></td><td>李工</td><td>4 月 30 日</td><td></td><td>李工</td><td>5 月 05 日</td><td></td><td>李工</td></tr>
<tr><td>3</td><td>北京</td><td>3 月 20 日</td><td></td><td>3 月 30 日</td><td></td><td>客户 C</td><td>4 月 25 日</td><td></td><td>刘工</td><td>4 月 30 日</td><td></td><td>刘工</td><td>5 月 05 日</td><td></td><td>刘工</td></tr>
</table>

课堂小测试

经过销售经理的安排，项目的技术负责人小王与销售经理一起前往客户处进行项目调查。

问题一：小王都应该准备哪些问题？这些问题都应该跟谁了解？

问题二：某些问题缺少明确答案，怎么处理？

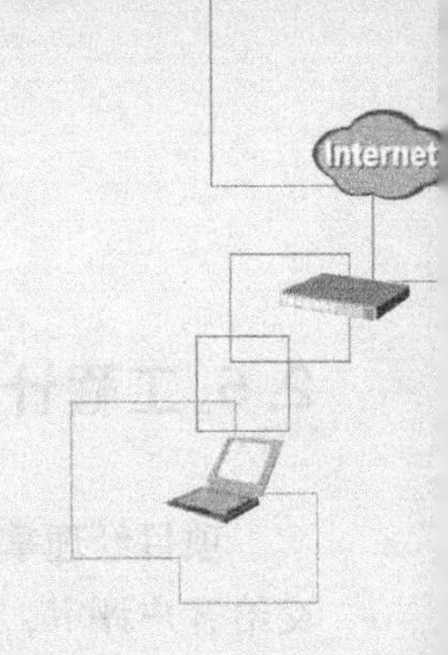

第3章 工程方案设计

上一章介绍了接手一个网络工程项目所需要做的一些前期准备，使读者对项目工程的整体框架有了一定的了解。本章将深入介绍网络工程的方案设计，它是整个工程的第二个阶段，该阶段以第一阶段收集的信息为基础。

在网络方案的设计环节，需要按照明确的项目需求和指导思想，对网络进行具体的设计，规范化地确定网络拓扑、设备选型、网络技术，并将需求落到实处。一个成功的方案设计能够避免后期工程实施过程中不必要的麻烦，其所起到的基石作用不言而喻。

3.1 网络拓扑设计

网络拓扑的确定是网络设计的第一步。在本阶段将按照规范性、具体性、可实现性的原则设计出网络的拓扑结构。它就相当于一个整体框架或一个设计图稿，范围性地为整个网络的设计指明了方向。这里重点介绍层次化网络模型及如何按照物理与逻辑划分网络拓扑结构。

3.1.1 层次化网络模型

一般情况下，将网络分为3层，分别为核心层、汇聚层、接入层，由这3层组成的网络称为三层网络架构。这3层中每个层次都有自己着重的某些特定的功能，这样在网络设计的时候就可以仅仅关注本层的功能进行设计，从而降低网络的复杂程度，方便对网络进行排错和设计。下面就详细地介绍这3层的特点。

1. 核心层

核心层的重点是负责数据的高速转发，对整个网络的连通起着至关重要的作用。核心层的主要特性包括可靠性、高效性、冗余性、容错性、可管理性、适应性、低延时性等。

在核心层中，应该尽量采用高带宽的设备。核心层作为网络的枢纽中心，重要性尤其突出。所以，核心层设备一般采用双机冗余热备份，同时也可以使用负载均衡功能，来增强网络性能。而网络的各种控制策略最好尽量少在核心层上实施，以避免对核心层转发速率的影响。核心层一直被认为是所有流量的最终承受者和汇聚者，所以对核心层的设计以及网络设备的要求十分严格，核心层设备将占投资的主要部分。

2. 汇聚层

汇聚层可以看成是网络接入层和核心层的“中介”，它的作用是在数据流量进入核心层前先做汇聚，以减轻核心层设备的负荷。因此，汇聚层需要处理来自接入层设备的所有数据流量，并最终将流量传输到核心层。

与接入层设备比较，汇聚层设备往往需要更高的性能、更少的接口和更快的交换速率。所以需要在汇聚层实施复杂的策略配置，如进行安全性部署、路由和数据包的过滤等，同时也需要一些必要的冗余设计。

3. 接入层

接入层的主要功能是负责用户的接入，需要允许终端用户连接到网络。在接入层设计上主张使用性能价格比高的设备，因为接入层交换机具有低成本和高端口密度特性。

接入层是最终用户与网络的接口，应该提供即插即用的特性，而且应该非常易于使用和维护，同时要考虑端口密度的问题。接入层为用户提供了访问本地网段的能力，主要解决相邻用户之间的互访需求，并且为这些访问提供足够的带宽。接入层还应当具备适当的管理功能，如地址认证、用户认证、计费管理等，同时还负责用户信息收集工作，如用户的 IP 地址、MAC 地址、访问日志等。

通常情况下大中型网络会按照标准的三层结构设计，如图 3－1a 所示。但是，对于网络规模小、联网距离较短的环境，有时也会采用两层的设计，如图 3－1b 所示，即忽略汇聚层，使得核心层设备可以直接连接接入层，这样在一定程度上可以省去部分汇聚层成本，还可以减轻维护负担，更容易监控网络状况。

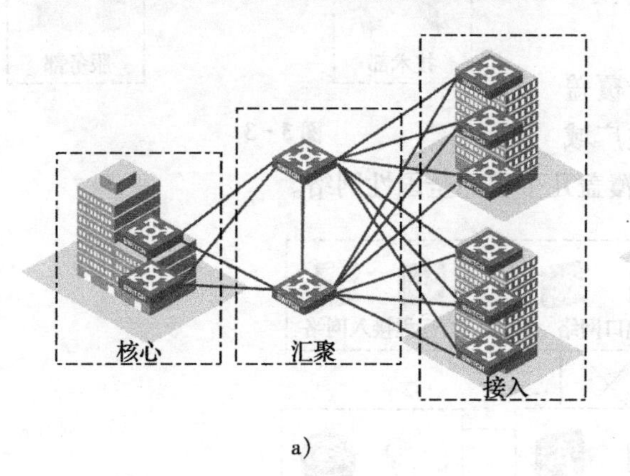

a)

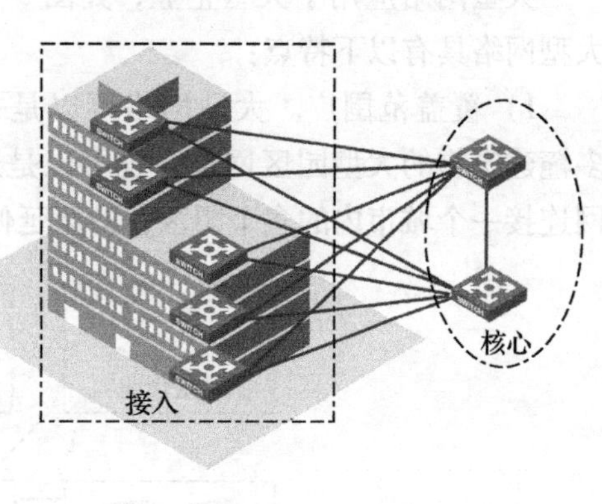

b)

图 3－1

3.1.2 物理拓扑

物理拓扑的设计主要包括拓扑规划、硬件设备、互联链路等选型相关的部分。这一部分的设计，往往跟项目预算紧密相关，也跟网络性能相关，是整个网络的物质基础，后续所有

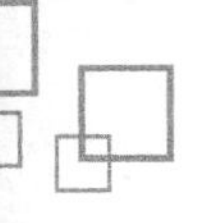

的设计也建立在这一阶段的设计成果之上。

1. 小型网络的典型物理结构

一般小型网络里面只有几个至几十个用户，即应用于接入用户比较少的情况。网络覆盖范围也比较小，建设的目的常常就是为了满足内部资源（打印机、文件）共享及互联网接入，如图 3－2 所示。

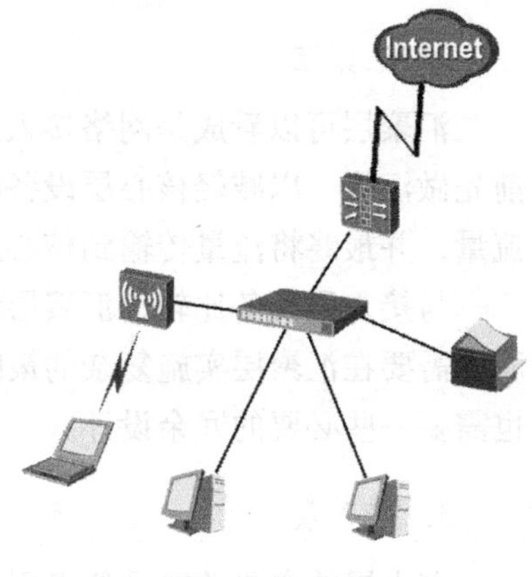

图 3－2

因此，在这种网络中，只需要提供连接互联网和无线网（WLAN）接入的服务。一般使用路由器或防火墙连接互联网，并采用地址转换（NAT）方式提供上网服务；使用 FAT AP 设备提供无线接入，采用 WEP、WPA 等密码验证方式。

2. 中型网络的典型物理结构

中型网络是工程项目中碰到较多的类型，一般企业网络基本都可归入中型网络。中型网络一般能够支撑几百至上千用户的接入，如图 3－3 所示。

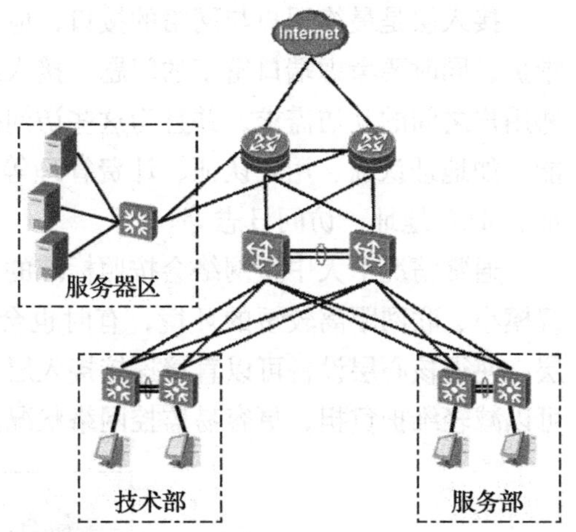

图 3－3

中型网络因为支撑更多的用户，所以相比小型网络，开始出现分层的设计思路，以提高网络的可扩展性。

3. 大型网络的典型物理结构

大型网络应用于大型企业，如图 3－4 所示。大型网络具有以下特点：

1）覆盖范围广。大型网络可以是一个覆盖多幢建筑物的大型园区网络，也可以是通过广域网连接一个城市内的多个园区，乃至延伸、覆盖几个省的全国性网络。

图 3－4

2）用户数量较为庞大。大型网络可以支持成千上万的人员接入，具有很强的可扩展性，能够随用户数量的变化进行扩展。

3）网络需求复杂。大型网络支撑多种类型的业务，包括实时业务、非实时业务、语音业务、视频业务等。

4）功能模块全。为了满足各种不同的业务需求，大型网络中的功能模块相对较全。

5）网络层次丰富。网络结构的扩展性是通过网络的合理层次布置来实现的，例如为了使网络支撑更多的接入，就需要对网络进行合理分层。

大型网络建设一般都不是一次性完成的，常常会历经建设、扩容、改造、检修等阶段。

3.1.3 逻辑拓扑

逻辑网络设计是指从协议和网络层次的角度对网络进行设计。网络按照工作层次划分为二层网络和三层网络，二层网络按照地域范围又分为局域网和广域网；三层网络的设计基于IP和路由协议。企业网络的出口部分有一些特别的技术，在这里不单独讨论。网络设计中的高可用性是当前网络设计中的考虑重点。

一个大型网络常常是由多个拓扑片段搭接而成的。常见的逻辑拓扑如图3－5所示。

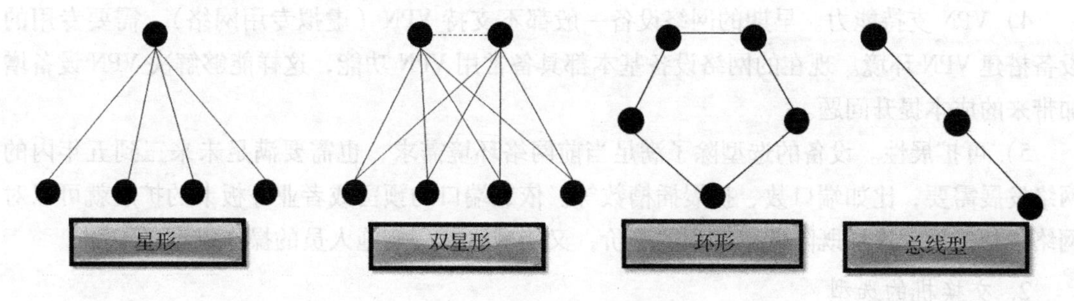

图3－5

1）星形：常见的分层网络结构，存在单点故障问题。

2）双星形：常见的分层网络结构，常用于园区网内部二层互联，有一定的冗余性。

3）环形：在某些特别的协议或在线路资源受限的情况下使用，有一定冗余度。

4）总线型：在线路资源受限的情况下使用，线路利用率较低，没有冗余性。

课堂小测试

> 某校分为两栋学生宿舍楼、一栋行政办公楼、一栋实验楼、一栋教师办公楼、两栋南北教学楼、图书馆等区域。请在考虑网络安全性和可靠性的基础上，依照网络三层模型，简要设计拓扑图。

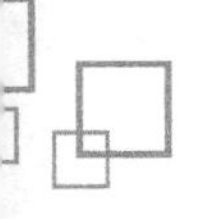

3.2 设备选型

3.2.1 设备选型原则

在进行工程项目的时候，如何去准确定位产品也是一个至关重要的环节。每个厂商都有丰富的产品线，产品线的内容针对不同层次，所具备的功能、性能和报价都会有很大的区别。设备选型需要以实际需求为根据，结合工程预算，在控制成本的基础上进行。

1. 路由器的选型

路由器的选型要点有以下几点：

1）包转发率。包转发率也称为端口吞吐量，单位为 pps（packet per second）。一般情况下，包转发率从几 kpps 到几百 Mpps 不等。选型的时候，在预算允许的情况下，该值越高越好。

2）路由表承载能力。在大型项目中该值的体现相对较为重要，在三层网络的数据转发中，路由器的转发路径就由本身所建立、维护的路由表所决定。高端设备的路由表承载能力一般在 25 万条左右。

3）支持的网络管理协议。目前最流行的网管协议就是 SNMP（简单网络管理协议），几乎所有主流设备厂商的路由设备都实现了对该协议的支持。

4）VPN 支持能力。早期的网络设备一般都不支持 VPN（虚拟专用网络），需要专用的设备搭建 VPN 环境。现在的网络设备基本都具备常用 VPN 功能，这样能够解决 VPN 设备增加带来的成本提升问题。

5）可扩展性。设备的选型除了满足当前网络环境需求，也需要满足未来三到五年内的网络发展需要，比如端口数、扩展插槽数等。依靠端口的预留或者业务板卡的扩展就可以对网络进行扩展。这样既降低了工程的造价，又能减少工程实施人员的操作难度。

2. 交换机的选型

交换机针对项目中设备所处的角色（接入层交换机、汇聚层交换机、核心层交换机）不同，选型的要点也有所区别。

1）背板容量。部分核心交换机又称为框式交换机，可以通过插接扩展板卡实现端口扩展。这些扩展板卡都插接在交换机的背板上。该参数决定了业务板的最大带宽，比如背板容量为 10GB，可以扩展 10 个板卡，那么每个板卡最大的带宽就是 1GB。背板容量参数直接决定着设备可升级的性能。

2）线速转发。交换机是否线速转发直接标志着设备的网络运行是否产生阻塞情况。交换机的线速转发能力需同时满足以下条件。

① 线速的背板带宽。考察交换机上所有端口能提供的总带宽，计算公式为端口数 × 相应端口速率 ×2（全双工模式）。如果总带宽≤标称背板带宽，那么在背板带宽上是线速的。

② 第二层包转发线速。第二层包转发率 = 千兆端口数量 ×1.488Mpps + 百兆端口数量 × 0.1488Mpps + 其余类型端口数 × 相应计算方法。如果该转发率≤标称二层包转发率，那么

交换机在做第二层交换的时候可以做到线速。

③ 第三层包转发线速。第三层包转发率 = 千兆端口数量 × 1.488Mpps + 百兆端口数量 × 0.1488Mpps + 其余类型端口数 × 相应计算方法。如果该转发率 ≤ 标称三层包转发率，那么交换机在做第三层交换的时候可以做到线速。

3）设备端口数。设备的端口数需考虑具体信息点去选型。目前主流产品为24端口、48端口交换机。核心层设备一般采用扩展性能强、背板带宽大的框式交换机。接入层、汇聚层设备一般采用性能相对较低、成本相对较低的二层、三层盒式交换机。

3.2.2 常见路由器介绍

目前H3C主流路由器针对不同层次需求由低到高分别推出MSR系列、SR系列、CR系列等。本节将分别介绍各系列产品中比较具有代表性的一款设备。

1. MSR 36-20

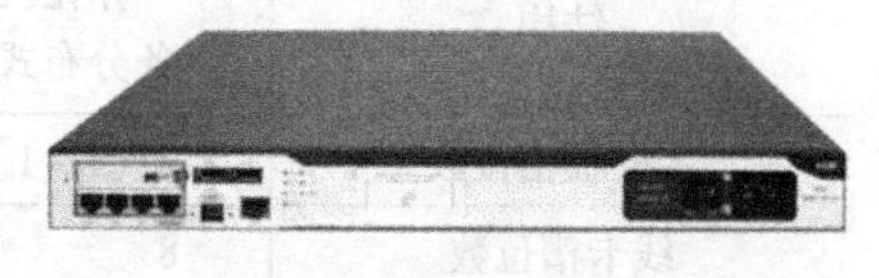

图3-6

MSR系列是H3C公司推出的多业务路由，其中MSR 36-20路由器（图3-6）定位于中小型企业网，采用Comware网络操作系统作为技术支撑；多核CPU处理器能够提升业务并发处理能力；同时支持IPsec、L2TP、GRE、MPLS等多种VPN技术以及VPN叠加技术。该设备参数见表3-1。

表3-1

属性	参数值
IPv4转发性能	9Mpps
内存（默认/最大）	2GB/4GB
FLASH	256MB
CF卡（外置）	支持
USB2.0	2，支持3G Modem扩展
CON/AUX	1
CON（Mini-USB Type AB）	1
固定GE口	3（1Combo）
SIC插槽	4
DSIC	2
HMIM插槽	2
VPM	1
最大功耗	125W
冗余电源	外置：RPS800
电源	AC/POE：100～240V 50/60Hz DC：-48～-60V

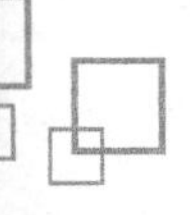

2. SR 6616

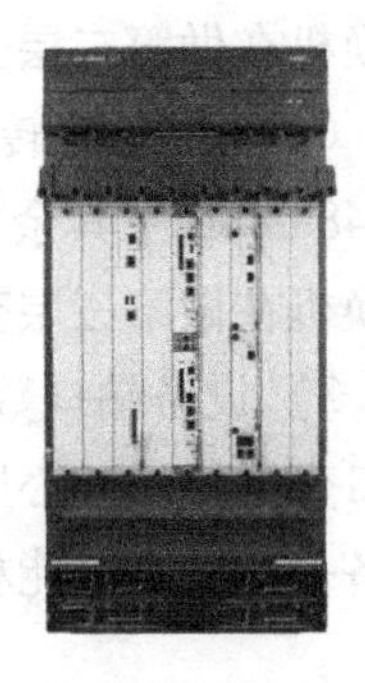

图 3-7

SR 6616 是 H3C 自主研发面向新一代云业务需求的高端汇聚路由器，如图 3-7 所示。在云技术不断发展的今天，网络设备对于云技术的支持能力也日趋重要，虚拟化技术的支持也很大程度上提升了设备部署的可靠性以及利用率，同时保证了项目的建设成本。另外，SR 6616 还提供丰富的 QoS、路由以及强大的安全防护措施。该设备参数见表 3-2。

表 3-2

属 性	参数值
结构	一体化机箱，可安装于标准 19in（1in = 2.54cm，后同）机架内，业务分布式处理架构
主控板槽位数	2（1+1 冗余备份）
线卡槽位数	8
业务板槽位数	32
交换架构	支持独立交换网板
交换容量	25.92Tbit/s
整机包转发率	2880Mpps
电源	四电源，可配置多种灵活的电源备份方案，支持智能电源管理
	交流输入额定范围：100 ~ 240V 50/60Hz 直流输入额定范围：-48 ~ -60V
外形尺寸（W×D×H）	436mm×480mm×886mm

3. CR 16018

CR 16018（图 3-8）定位于运营商级、骨干网核心路由器，是由 H3C 公司推出的一款强大的核心设备，具有单业务板重启能力，提供海量路由计算与发布功能，通过设备板卡的扩展能够提供高密度万兆板卡的线速转发。该设备参数见表 3-3。

表 3-3

属 性	参数值
结构	一体化机箱，可安装于 19in 机架内
主控板槽位数	2
交换网板槽位数	9
业务板槽位数	18

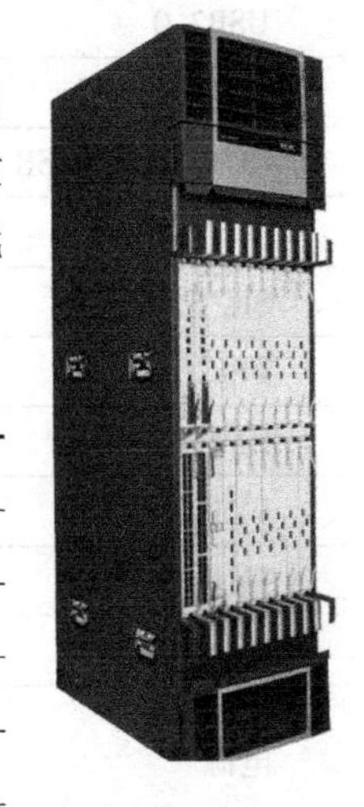

图 3-8

（续）

属 性	参数值
交换容量	109.96Tbit/s
整机包转发率	27000Mpps
外形尺寸（W×D×H）	442mm×740mm×1686mm（38U）
质量（满配置）	320kg

3.2.3 常见交换机介绍

H3C 公司提供了一整套针对不同需求的交换机产品线，包括定位于低端的千/百兆接入交换机、定位于数据中心的万兆汇聚交换机等。本节将分别介绍各系列产品中比较具有代表性的一款设备。

1．S5120-52P-WiNet

H3C 公司推出的 S5120-52P-WiNet 交换机（图 3－9）提供了多达 52 个接口，适用于信息点分部较为密集的楼层、园区网络，内嵌专业级中文网络管理系统，通过简单 Web 界面配置就可以提供基础的二层网络功能。该设备参数见表 3－4。

图 3－9

表 3－4

属 性	参数值
交换容量（全双工）	192Gbit/s
包转发率（整机）	42/78Mpps
质量	<3/5kg
管理端口	1 个 Console 口
外形尺寸（长×宽×高）	440mm×160mm×43.6mm
业务端口描述	48 个 10/100/1000Base-T 以太网端口，4 个 1000Base-X SFP 千兆以太网端口

2．S5800-32C

S5800-32C 是由 H3C 公司推出的一款万兆级别交换机，如图 3－10 所示。设备所具备的 IRF（智能弹性架构）功能，能够通过几台设备进行虚拟化处理，逻辑成一台主机。这样既可以满足小型数据中心服务器的接入需求，又能为园区网络提供强大的汇聚层交换功能。该设备参数见表3－5。

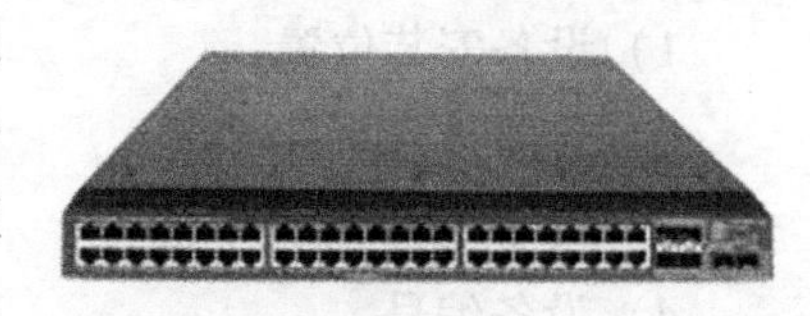

图 3－10

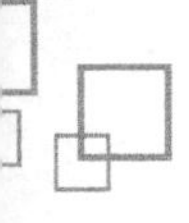

表 3 - 5

属　性	参数值
交换容量	3. 6Tbit/s
包转发率	156Mpps
固定业务端口	24 个 10/100/1000Base-T 以太网端口，4 个 1/10GB SFP + 端口
机箱尺寸（长 × 宽 × 高）	440mm × 367mm × 43. 6mm
质量	≤6. 0kg

3. S12516X-AF

S12516X-AF（图 3 - 11）是 H3C 公司面向云计算数据中心推出的一款性能强大的数据中心级交换机，能够提供目前业界最高的交换性能和云计算处理能力。该设备参数见表3 - 6。

表 3 - 6

属　性	参数值
交换容量	1032Tbit/s
包转发率	230400Mpps
主控板槽位数量	2
业务板槽位数量	16
交换网板槽位数量	6

图 3 - 11

3. 2. 4　设备命名和标签规范

网络管理中，网络设备的命名虽然是“小”事，但如果设备数量较多，而且应用大型网管系统的时候，就会显现出“命名规则”的重要性。所以网络中的一台设备上线之后，需要有一定的标识。

这种标识包括逻辑设备名和设备上的物理标签。逻辑设备名在设备的配置上进行设置，当管理人员登录设备的时候就可以通过设备名获取该设备的一系列信息；物理标签一般直接贴在设备上，标明设备的一系列信息。

设备的标识方式并没有一个统一的标准，一般本着实用的原则进行定义，在一个企业内部，尽量做到统一规则。设备的逻辑名一般会包含以下信息：

1）设备安装位置。

2）设备角色。

3）设备型号。

4）设备编号。

设备的物理标签同样并没有统一的标准，各家企业按照各自的要求进行标识，常常包含以下信息：

1）设备型号。

2）设备编号。

3）责任人/联系方式。

课堂小测试

某校有一台设备，现在要对该设备添加标签。该设备处于3号楼3层2号机房内部，是一台接入交换机，型号为S5120-24P-WiNet。请试着给该设备命名。

提示： 设备可以采用“设备定位+设备位置+设备型号+编号”的方式进行命名。

答案： ACC-B3F3N2-5120，其中各字段的含义如下。

ACC：接入交换机。

B3F3N2：3号楼3层2号机房。

5120：设备型号。

其他命名只要能表现出设备所处位置和型号均可。

3.3 介质及接口选择

传输介质是信息传递必不可少的部分。作为普通用户，没有必要了解此类的相关细节，如计算机之间依靠何种介质、以怎样的编码来传输信息等。但是，对于网络工程师来说，了解网络底层的传输介质则是必要的，因为必须掌握信息在不同介质中传输时的衰减速度以及发生传输错误时如何去纠正这些错误。本节主要介绍计算机网络中用到的几类传输介质及其有关的通信特性。

3.3.1 传输介质的特性

在设计一个网络的初期，就需要决定使用哪种传输介质。在进行选择时，必须考虑联网需求与介质特性等因素。本节将介绍与所有数据传输方式有关的特性。

通常说来，选择数据传输介质时必须考虑以下5种特性：吞吐量和带宽，成本，尺寸和可扩展性，连接器以及抗噪性。当然，依据实际工程情况的不同，需要去判断哪一方面对工程是最重要的。

1. 吞吐量和带宽

在选择传输介质时第一个要考虑的因素就是吞吐量。吞吐量是指在一给定时间段内介质能传输的数据量，传输单位通常是每秒兆位。吞吐量其实类似于容量，举个例子，有一根直径3cm的橡胶水管，这就限制了水管在一定时间范围内能传输的最大容量。同样，如果试图传输超过物理介质处理能力的数据量，结果将是数据丢失或出错。

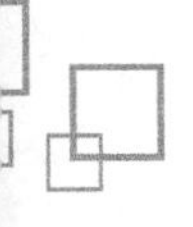

“带宽”常常与吞吐量一起使用。带宽是一个介质能传输的最高频率和最低频率的差值。频率通常用 Hz 表示。例如，若能够在 870 ~ 880MHz 之间传输无线信号，那么就是 10MHz。带宽越高，吞吐量就越大。

2. 成本

不同种类的传输介质牵涉的成本是难以准确描述的，这不仅与环境中现存的硬件有关，还与所处的场所有关。下面的变量都可能影响采用某种类型介质的最后成本：

1）安装成本。例如，在安装过程中是否需要拆墙或修建新的管道或机柜，或者安装环境中是否已有电线，如在某些情况下安装所有新的 5 类 UTP，如果能使用已有的 3 类 UTP，则电线将可以不用付费。

2）维护和支持成本。假如使用了一种不熟悉的介质类型，可能需要花费更多去进行维护。在选择传输介质时，通常要考虑到该介质是否能满足企业的要求，不能一味地选择成本最低的那款，不然在后期升级时可能会花费更多。

3. 尺寸和可扩展性

在进行布线时，需要考虑介质所能容纳的每段最大节点数。最大节点数与衰减有关，一个网络段每增加一个设备都将略微增加信号的衰减。为了保证一个清晰的强信号，必须限制一个网络段中的节点数。

同样，衰减还影响网络的最大长度。在传输一定的距离之后，一个信号可能因损失得太多以至于无法被正确解释。在这种损失发生之前，网络上的中继器必须重发和放大信号。一个信号能够传输并仍能被正确解释的最大距离即为最大段长度。若超过这个长度，更易于发生数据损失。

无论是最大节点数还是最大段长度都因不同介质类型而不同，这就需要施工方进行多方考虑，才能选出一个“恰到好处”的介质。

4. 连接器

连接器是连接线缆与网络设备的硬件。网络设备可以是文件服务器、工作站、交换机或打印机。每种网络介质都对应一种特定类型的连接器。所使用的连接器的种类将影响网络安装和维护的成本、网络增加段和节点数。用于 UTP 电缆的连接器（看上去更像一个大的电话线连接器）在接入和替换时比用于同轴电缆的连接器要简单得多，同时也更廉价并可用于许多不同的介质设计。

5. 抗噪性

噪声能使数据信号变形，其影响程度与传输介质有一定关系，即某些类型的介质比其他介质更易于受噪声影响。对任何一种噪声，都能够采取措施限制它对网络的干扰。例如，可以远离强大的电磁源进行布线；电缆可以通过屏蔽、加厚或抗噪声算法获得抗噪性。假如屏蔽的介质仍然不能避免干扰，可以使用金属管线抑制噪声并进一步保护电缆。

3.3.2 同轴电缆

同轴电缆是由一根空心的外圆柱导体和一根位于中心轴线的内导线组成，并且内导线和圆柱导体及圆柱导体和外界之间都用绝缘材料隔开，如图3－12所示。它的特点是抗干扰能力好，传输数据稳定，价格也便宜，所以被广泛使用。

同轴电缆可分为两种基本类型，基带同轴电缆和宽带同轴电缆。目前基带是常用的同轴电缆，其屏蔽线是用铜做成的、网状的，特征阻抗为50（如RG-8、RG-58等）。宽带同轴电缆常用的屏蔽层通常是用铝冲压成的，特征阻抗为75（如RG-59等）。

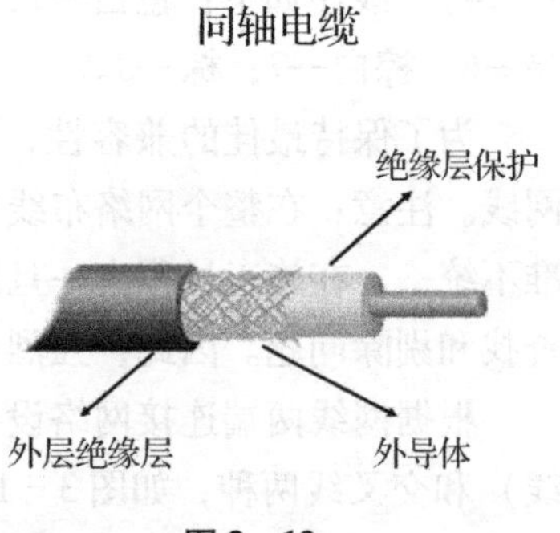

图3－12

同轴电缆根据其直径大小又可以分为粗同轴电缆与细同轴电缆。粗同轴电缆适用于比较大型的局部网络，它的标准距离长，可靠性高，由于安装时不需要切断电缆，因此可以根据需要灵活调整计算机的入网位置，但粗缆网络必须安装收发器电缆，安装难度大，所以总体造价高。相反，细缆安装比较简单，造价低，但由于安装过程要切断电缆，两头须装上基本网络连接头（BNC），然后接在T形连接器两端，所以当接头多时容易产生隐患，这是目前运行中的以太网所发生的最常见故障之一。

对于同轴电缆目前的发展而言，无论是粗缆还是细缆均为总线拓扑结构，即一根电缆上接多部机器。这种拓扑适用于机器密集的环境，但是当一触点发生故障时，故障会串联影响到整根电缆上的所有机器，而且故障的诊断和修复都很麻烦，因此，同轴电缆逐步被非屏蔽双绞线或光缆取代。

3.3.3　双绞线

双绞线是综合布线工程中最常用的一种传输介质，如图3－13所示。

双绞线采用一对互相绝缘的金属导线互相绞合的方式来抵御一部分外界电磁波干扰，更主要的是降低自身信号的对外干扰。把两根绝缘的铜导线按一定密度互相绞合在一起，可以降低信号干扰的程度，每一根导线在传输中辐射的电波会被另一根线上发出的电波抵消。“双绞线”的名字也是由此而来。

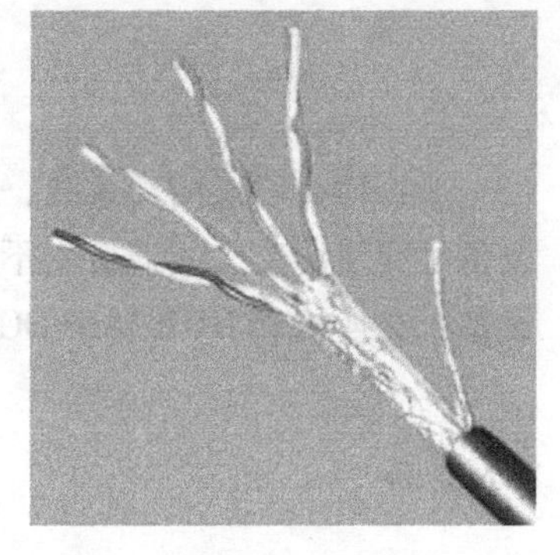

图3－13

实际使用时，双绞线是由多对双绞线一起包在一个绝缘电缆套管里的。典型的双绞线有四对的，也有更多对双绞线放在一个电缆套管里的，这些都称为双绞线电缆。在双绞线电缆（也称双扭线电缆）内，不同线对具有不同的扭绞长度，一般来说，扭绞长度在3.81～14cm内，按逆时针方向扭绞。相邻线对的扭绞长度在1.27cm以上，一般扭线越密其抗干扰能力就越强。与其他传输介质相比，双绞线在传输距离、信道宽度和数据传输速率等方面均受到一定限制，但价格较为低廉。

常用的UTP网线就是由一定长度的双绞线和RJ－45接头（水晶头）组成。双绞线由8根不同颜色的线分成4对绞合在一起。成对扭绞的作用是为了尽可能减少电磁辐射与外部电

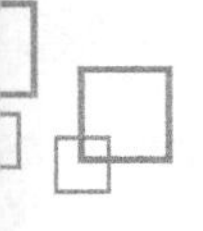

磁干扰的影响。双绞线在制作的时候是按照一定的线序排列的，目前有两种规范的线序：568A 与 568B，日常使用的是 568B（图 3-14），线序如下：橙白—1；橙—2；绿白—3；蓝—4；蓝白—5；绿—6；棕白—7；棕—8。

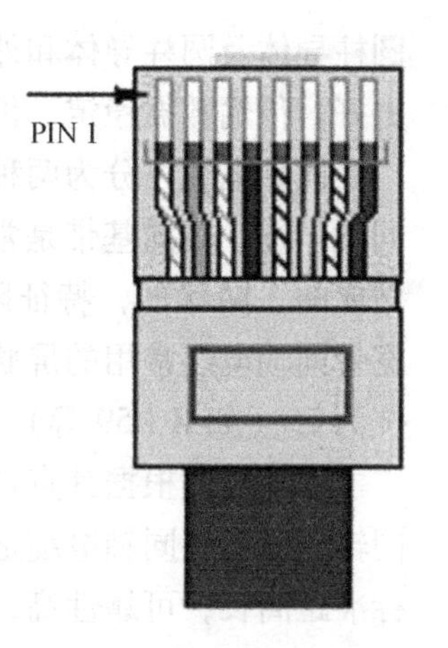

图 3-14

为了保持最佳的兼容性，普遍采用 EIA/TIA 568B 标准来制作网线。注意：在整个网络布线中应该只采用一种网线标准。如果标准不统一，在施工过程中一旦出现线缆差错，在成捆的线缆中很难查找和剔除问题。因此，强烈建议统一采用 568B 标准。

根据网线两端连接网络设备的不同，网线又分为直通线（平行线）和交叉线两种，如图 3-15 所示。

直通线就是按前面介绍的 568A 标准或 568B 标准制作的网线。而交叉线的线序在直通线的基础上做了一点改变，即在线缆的一端把 1 和 3 对调、2 和 6 对调。

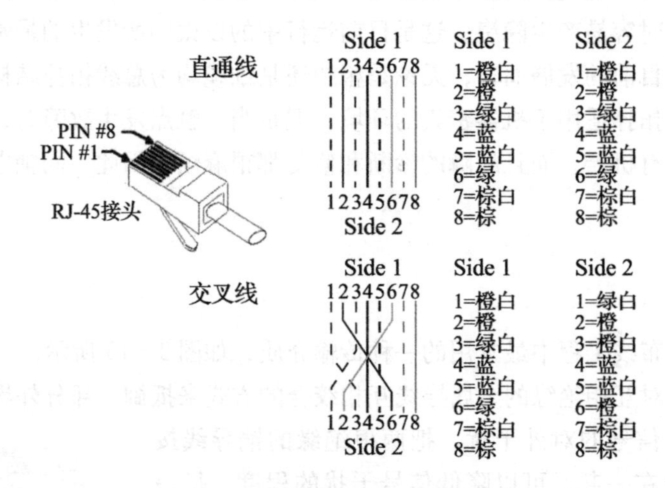

图 3-15

那么什么时候用交叉线，什么时候用直通线呢？在实践中，一般可以理解为：同种类型设备之间使用交叉线连接，不同类型设备之间使用直通线连接（路由器和 PC 属于 DTE 类型设备，交换机和 HUB 属于 DCE 类型设备）。

手把手教你自制网线

需要工具： 在网线制作的过程中，必须要用到一些工具和材料，包括双绞线和 RJ-45 接头、专用的网线钳。

以制作最常用的遵循 568B 标准的直通线为例，制作过程如下：

1）用双绞线网线钳把双绞线的一端剪齐，如图 3-16 所示，然后把剪齐的一端插入网线钳用于剥线的缺口中。顶住网线钳后面的挡位以后，稍微握紧网线钳慢慢旋转一圈，让刀口划开双绞线的保护胶皮并剥除外皮。

图3－16

注意：网线钳挡位离剥线刀口长度通常恰好为RJ-45接头长度，这样可以有效避免剥线过长或过短。如果剥线过长，往往会因为网线不能被接头卡住而容易松动，如果剥线过短，则会造成接头插针不能与双绞线完好接触。

2）剥除外包皮后会看到双绞线的4对芯线，每对芯线的颜色各不相同。将绞在一起的芯线分开，按照橙白、橙、绿白、蓝、蓝白、绿、棕白、棕的颜色一字排列，并用网线钳将线的顶端剪齐。排列芯线按照上述线序排列的每条芯线分别对应RJ-45接头的1、2、3、4、5、6、7、8针脚，如图3－17所示。

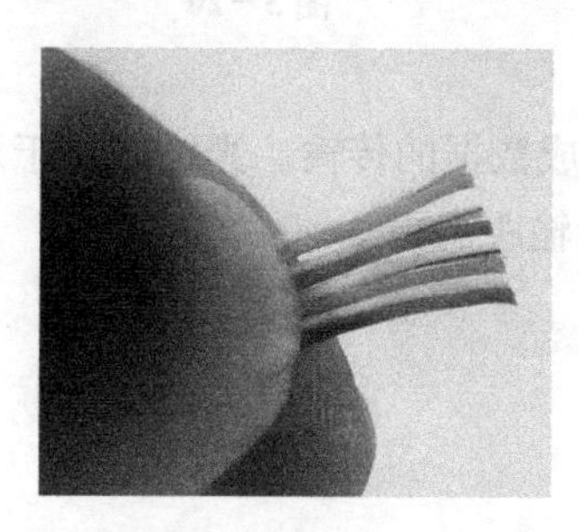

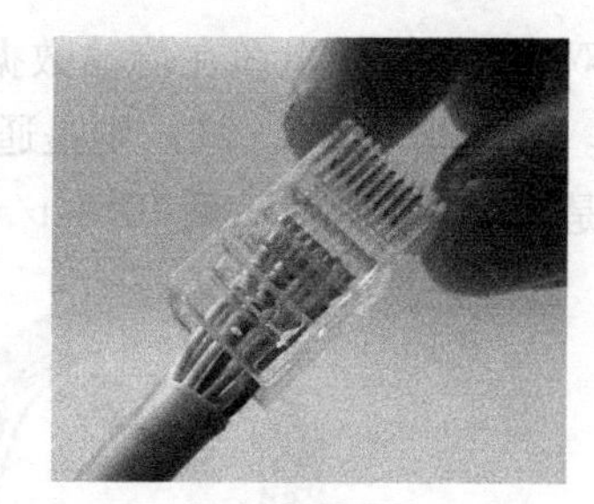

图3－17

3）使RJ-45接头的弹簧卡朝下，然后将正确排列的双绞线插入RJ-45接头中。在插的时候一定要将各条芯线都插到底部。由于RJ-45接头是透明的，因此可以观察到每条芯线插入的位置。

4）将插入双绞线的RJ-45接头插入网线钳的压线插槽中，如图3－18所示，用力压下网线钳的手柄，使RJ-45接头的针脚都能接触到双绞线的芯线，这样网线的一端就完成了。

5）完成双绞线一端的制作工作后，按照相同的方法制作另一端即可。注意双绞线两端的芯线排列顺序要完全一致，最终完成的网线如图3－19所示。

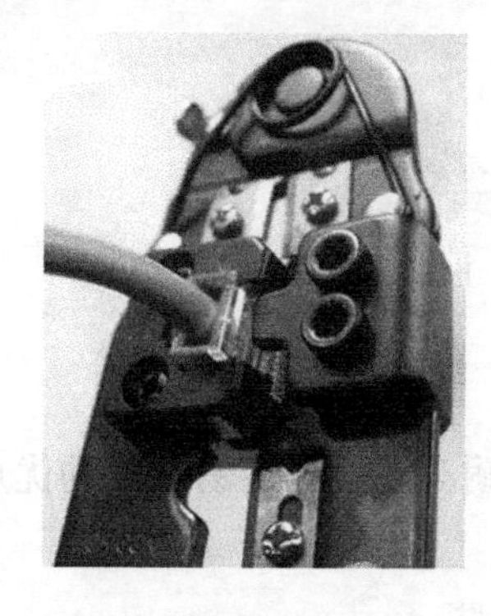

图3－18

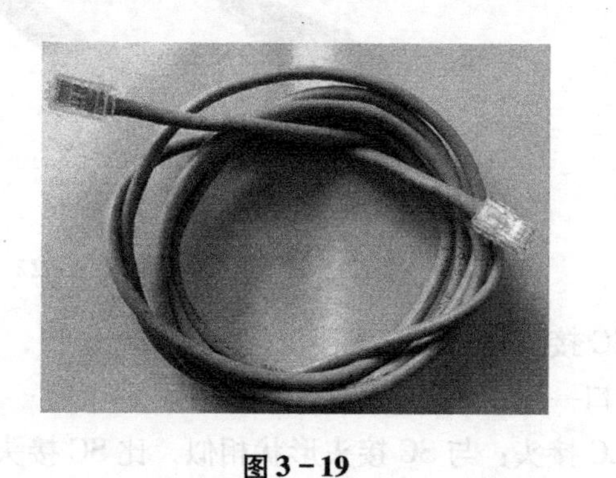

图3－19

6）在完成双绞线的制作后，建议使用网线测试仪对网线进行测试。将双绞线的两端分别插入网线测试仪的RJ-45插口，并接通测试仪电源，如图3－20所示。在测线仪的两端都有8个数字，如果看到在两端的1同时亮起，说明第一个位置的网线已经接通，只要数字向下走一遍，两边按顺序，则说明网线是通的。如果两端显示的数字不一样或者未亮，说明接头中存在断路或者接触不良的现象，此时应再次对网线两端的RJ-45接头用力压一次并重新测试。如果依然不能通过测试，则只能重新制作。

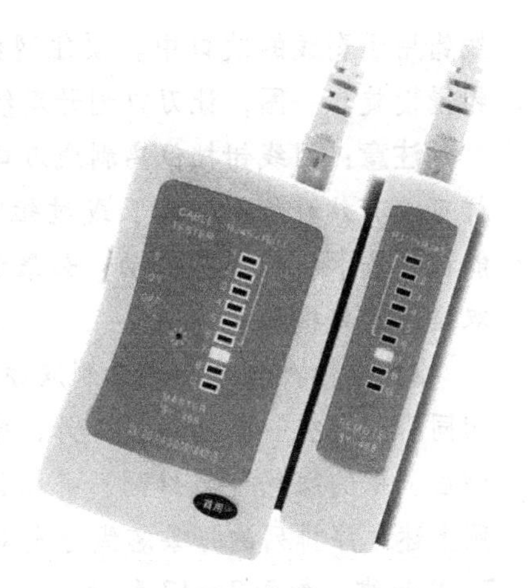
图3－20

3.3.4 光纤

双绞线和同轴电缆在传输数据的过程中，使用的是电信号。而光纤（图3－21）则是通过光在纤芯中的折射，完成数据的传输。光纤不同于双绞线的是传输速率可以达到10Gbit/s甚至更高，而且光纤的传输距离更长。

图3－21

光纤又分为单模光纤和多模光纤，单模光纤适用于长距离传输，只能传输一种模式的光；多模光纤能够传输多种模式的光，适用于短距离传输。光纤并不可以直接插在设备上，而是需要通过各种各样的光纤接头连接到设备上。

下面对几种常用接头进行介绍（图3－22）。

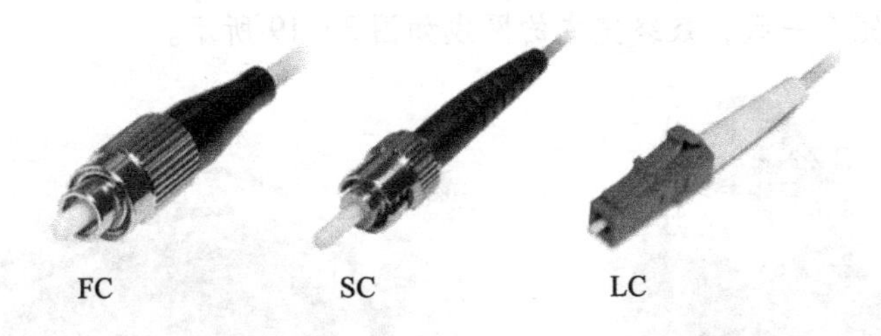
FC　　SC　　LC

图3－22

1）SC接头：标准方型接头，采用工程塑料，具有耐高温、不容易氧化的优点。传输设备侧光接口一般用SC接头。

2）LC接头：与SC接头形状相似，比SC接头小一些。

3）FC 接头：金属接头，一般在 ODF（光线暗）侧采用，可插拔次数比塑料接头要多。

提到光纤，就必须要提到光缆。在网络工程的综合布线中，距离较远的地方会部署光缆。光缆由一根或多根光纤组成缆芯，外边包有保护套。光缆可以通过地下或者架空的方式部署，部署至点位后，使用光纤终端盒或者熔纤的方式，连接到设备上。

使用光纤的过程中有以下几个注意事项：

1）光纤弯折。光纤的传输是通过光的不停折射实现的，而且光纤的介质使用的是石英玻璃，很脆，如果光纤弯折角度过大，可能造成折射损耗甚至光纤折断。

2）区分单模/多模光纤。即使接口相同，不同工作模式的光纤也是无法通信的，必须区分单模和多模光纤。最直接的一点区别就是单模光纤的纤皮颜色是黄色，多模光纤的是橙色。

3）光纤的保护。光纤的传输必须保证光纤的接头和模块的接口不能有灰尘覆盖，所以在不使用的模块上必须插上保护接头。

4）光纤的通信。光纤分为单纤和双纤。比如在某一台设备上的一个光纤模块上，需要一对光纤才能进行传输，那么这对光纤中一根负责数据的接收，而另一根负责数据的发送。可以用肉眼直接进行区分，发送端有红色的光发出。

5）光信号与电信号的转换。光纤的收发依靠的是“光”，而双绞线的数据传输依靠的是“电”，如果在实际项目中，接口设备使用的是 RJ-45 接头，而数据传输的线缆使用的是光纤，那么就需要使用光电转换器（图3－23），进行光信号至电信号的转换。

图 3－23

3.3.5 无线网络

现在无线路由器在人们的生活、工作中用得越来越多，而无线也是基于最基本的路由交换技术的实现。

前面介绍了常见的网络传输介质有光纤、同轴电缆、双绞线等，而使用电磁波进行数据传输的网络称为无线网络。无线网络具有组网方便、实施灵活等特点。

网络中每一个技术都需要遵循一套协议，IEEE 组织为无线局域网专门制定了一套协议标准：802.11。常见的无线协议标准见表3－7。

表3－7

无线网络协议	年　份	工作频段	最高速率
802.11a	1999	5.15～5.875GHz	54Mbit/s
802.11b	1999	2.4～2.5GHz	11Mbit/s
802.11g	2003	2.4～2.5GHz	54Mbit/s
802.11n	2009	2.4GHz 或者 5GHz	600Mbit/s

在进行网络工程施工的时候，一般情况下考虑有线网络的部署，但是如果对于某些人员流动性比较大的场合，比如会场、宾馆酒店、候机厅等，或者综合布线实施成本比较高的场合，比如隧道、高速公路等情况下，会考虑使用无线技术进行网络部署，这样很大程度上降

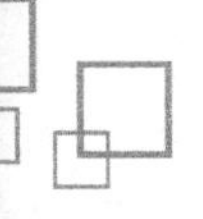

低了因为有线网络部署而造成的成本提升。

常见的企业级无线设备有以下几种：

1）无线 AP。又称为无线接入点，如图 3－24 所示，根据工作范围可分为室内 AP 和室外 AP。根据部署需求又分为胖 AP（FAT AP）和瘦 AP（FIT AP）两种，依据是否需要对设备进行模块化配置来区分。须预配 AP 数量过多的情况下，建议使用 AC＋FAT AP 工作模式。

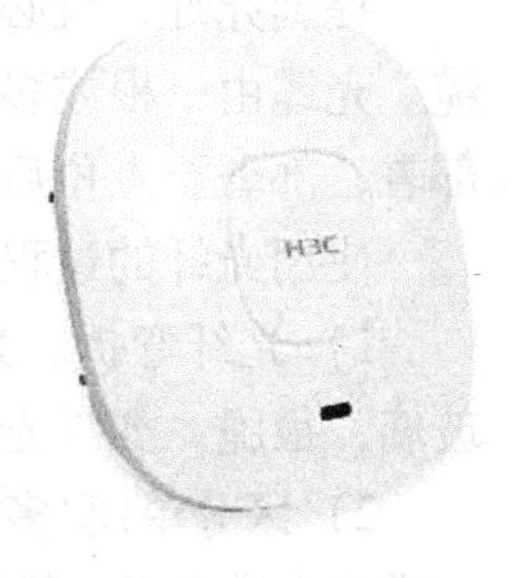

图 3－24

2）无线 AC。又称为无线控制器，如图 3－25 所示，是无线网络的核心节点。AC＋FAT AP 模式下无须对 AP 进行大量配置，仅需要配置 AP 与 AC 之间的连通性，就可以通过 AC 对 AP 进行大规模部署配置。

3）POE 交换机。在无线 AP 部署的时候，除了考虑数据的传输，也需要考虑到设备的供电，会造成成本的提升。这个时候可以使用 POE 交换机（图 3－26），直接通过网线对无线 AP 进行供电。

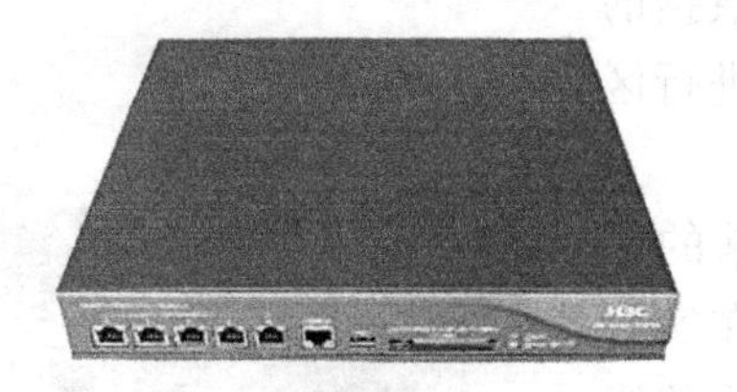

图 3－25

图 3－26

无线网络规划的重点是无线 AP 的部署。无线信号依靠电磁波进行传输，很多物体对无线信号都有不同程度的阻隔，比如金属等设备对无线的信号阻隔就比较强。无线 AP 的规划要尽量考虑到建筑物的中心，尽可能避开金属、承重墙的阻隔。

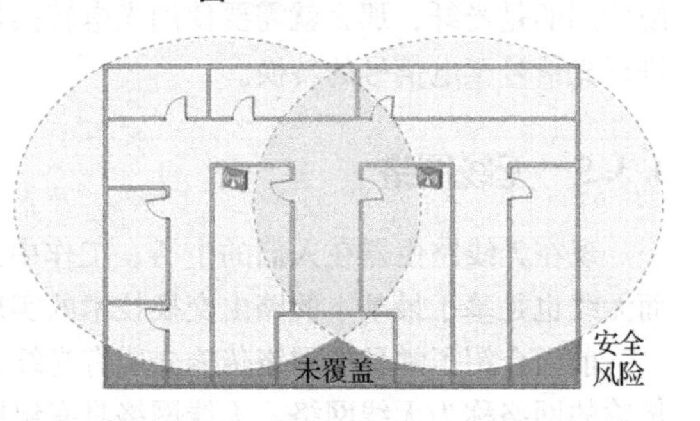

图 3－27

AP 的信号发射是有距离的，为了保证覆盖的连续性，可以使用多台 AP 进行无线桥接，如图 3－27 所示。这样，就可以避免信号的衰弱和不连续的问题。

有时候走到家里的某一个房间时会发现无线信号只剩一格。这个时候很多人都会认为是路由器的问题，然后换个价格更高、天线更多，或者还有所谓的“穿墙功能”的无线路由器。然而，信号差的根本原因可能是因为无线电磁波穿越某些介质之后会大幅衰减，这个时候最应该考虑的其实是无线设备部署的问题。一般对于无线电磁波阻隔比较强的介质有钢混墙、玻璃墙、金属物品等。家里摆放无线路由器的时候应当尽量避开这些设备，或者摆放在家里尽可能中心的位置。如果实在无法避免放在一个角落里，可以在网上查一下使用易拉罐制作“信号放大器”的教程。

3.3.6 线路标签规范

在实际工程中，设备间的连接比较复杂，网线的数量巨大，为了日常管理和排障的方便，需要对设备接口和网络线路进行标识，这就是线路标识，如图3-28所示。

线路标识用来在网络中标识某一条线路。标识的内容包括本端设备名、对端设备名、对端设备编号、链路角色和逻辑编号。

设备端口下可以配置描述信息。这个描述信息一般用来描述线路的对端设备和接口，当然也可以根据需要添加更多的信息。

网络线路上一般采用标签的方式描述线路的走向。与设备端口描述不同，当前的网络线路一般会有分段，通过网络配线架进行跳接。

图3-28

课堂小测试

某校有一台设备，现在要给该设备的某接口添加标签。已知该接口对端是该校2号楼机房内的一台汇聚交换机（AGG）的GE0/0/7口，对端交换机在机房内的序列号是5号机，试着命名此标签。

提示：线路的命名规则可以采用“对端设备名+对端端口号”的方式。

答案：To-AGG-B2N5-GE0/0/7，其中各字段的含义如下。

AGG：汇聚交换机。

B2N5：2号楼5号机。

GE0/0/7：对端端口号。

其他命名只要符合端口命名原则均可。

3.4 常用网络技术

常用的网络技术包括很多相类似的网络协议，虽然都能达到所要实现的目的，但是技术的选择所带来的影响，比如设备的性能发挥等，会有很大的区别。因此，本节将介绍如何针

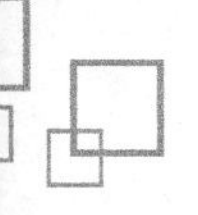

对不同的需求去选择合适的协议或者技术，可以通过本节的内容来看一下。

3.4.1 VLAN 规划

面对日益严重的局域网攻击，除了常规的病毒防范外，还可以使用最基础的技术去保证局域网络的安全性。使用 VLAN 技术能够对二层广播进行隔离，从而降低内网广播方式的隔离，同时能够便捷地对网络进行规划设计。划分 VLAN 可以依据 4 种方式：基于端口、基于 MAC 地址、基于网络层协议、基于 IP 子网，其中基于端口的 VLAN 划分方式是最为普遍的。

划分 VLAN 之后同一个 VLAN 下的网络设备可以通信，不同 VLAN 下的网络设备不能通信。如图 3-29 所示：PCA 和 PCB 属于 VLAN1，PCC 和 PCD 属于 VLAN2，那么 PCA 发送的广播帧就只能泛洪至 PCB，不能到达 PCC 和 PCD。

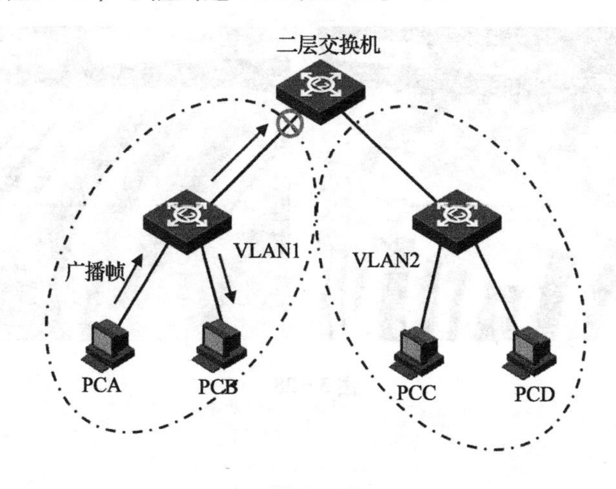

图 3-29

划分 VLAN 之后以太网交换机接口会有 3 种端口类型：access、trunk 和 hybrid。

1. access 端口

通常情况下，数据帧进 access 端口会打上 VLAN 标签，数据帧出 access 端口会去掉 VLAN 标签。

如图 3-30 所示，PCA 和 PCB 同属于 VLAN10，如果 PCA 需要与 PCB 通信，PCA 发出

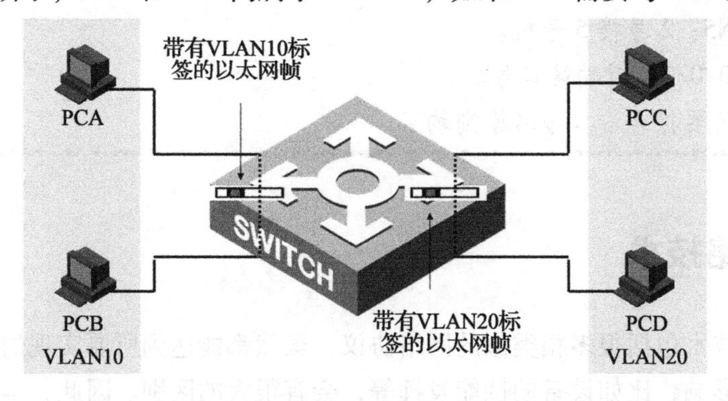

图 3-30

的数据帧交给交换机端口，并打上端口所属的 VLAN10 标签，转发至 PCB 连接的端口时，数据帧出 access 端口，并去掉端口所属的 VLAN10 标签。

access 处理数据帧的过程如图 3-31 所示。

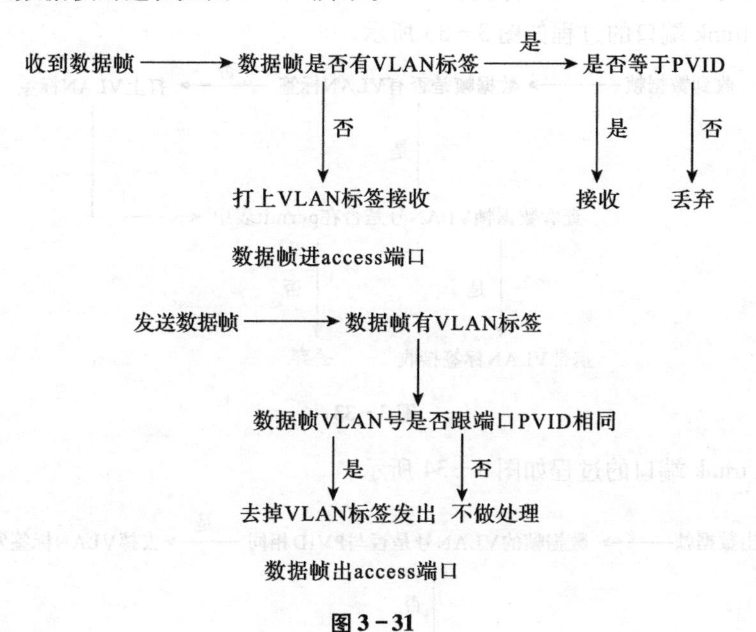

图 3-31

总结：通常情况下，access 端口用来连接用户终端。

2. trunk 端口

trunk 端口允许多个携带不同 VLAN 标签的数据帧通过。如果数据帧的 VLAN 号和 trunk 端口的 PVID 相同，数据帧出 trunk 端口时会去掉 VLAN 标签。

如图 3-32 所示，PCA 和 PCC 通信时，PCA 发送的普通数据帧到达 access 端口时会打上端口所属的 VLAN10 标签。数据帧出交换机的端口时，会查看数据帧的 VLAN 号是否在 trunk 端口的 permit 表中。如果在，数据帧出 trunk 端口会携带 VLAN10 标签出 trunk 端口；不在则不做处理。对端的 trunk 端口收到数据帧后，会查看数据帧的 VLAN10 是否在 trunk 端口的 permit 表中，如果在则携带 VLAN10 标签进 trunk 端口；不在则丢弃。

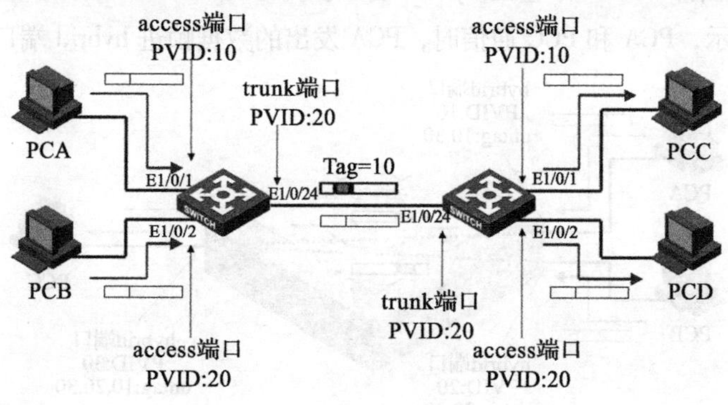

图 3-32

PCB 和 PCD 通信时，PCB 发出的数据帧进 access 端口时，打上端口所属的 VLAN20 标签；数据帧出 access 端口时，发现数据帧的 VLAN 号跟 trunk 端口所属的 VLAN 相同，数据帧出 trunk 端口时要去掉 VLAN20 标签。

数据帧进 trunk 端口的过程如图 3－33 所示。

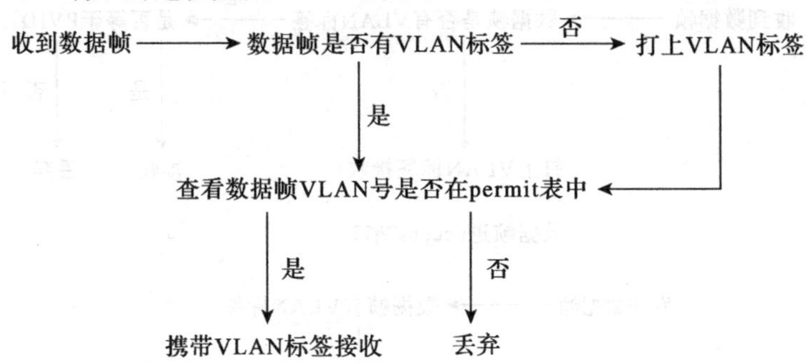

图 3－33

数据帧出 trunk 端口的过程如图 3－34 所示。

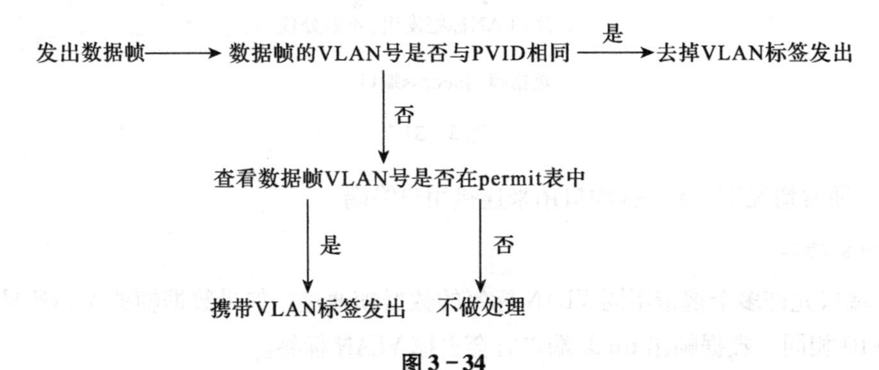

图 3－34

总结：通常情况下，交换机互连的端口是 trunk 端口。

3. hybrid 端口

hybrid 端口收到数据帧时会打上端口的 PVID 标签，数据帧出 hybrid 端口时会查看 untag 表，判断是否需要去掉 VLAN 标签出 hybrid 端口。

如图 3－35 所示，PCA 和 PCC 通信时，PCA 发出的数据帧进 hybrid 端口打上端口的 PVID

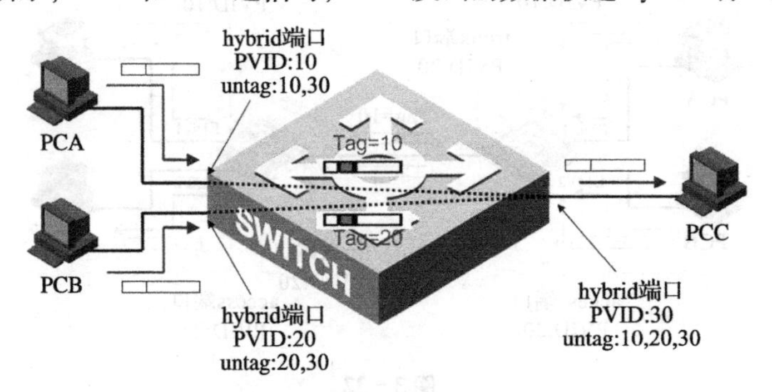

图 3－35

标签（VLAN10）。数据帧出交换机时，连接 PCC 的交换机 hybrid 端口 untag 表上有 VLAN10，数据帧去掉 VLAN 标签交给 PCC。

PCA 和 PCB 通信时，PCA 发出的数据帧进 hybrid 端口打上端口的 PVID 标签（VLAN10）。数据帧出交换机时，连接 PCB 的交换机 hybrid 端口 untag 表中没有 VLAN10，那么数据帧不能发送给 PCB。

数据帧进 hybrid 端口的过程见图 3－36。

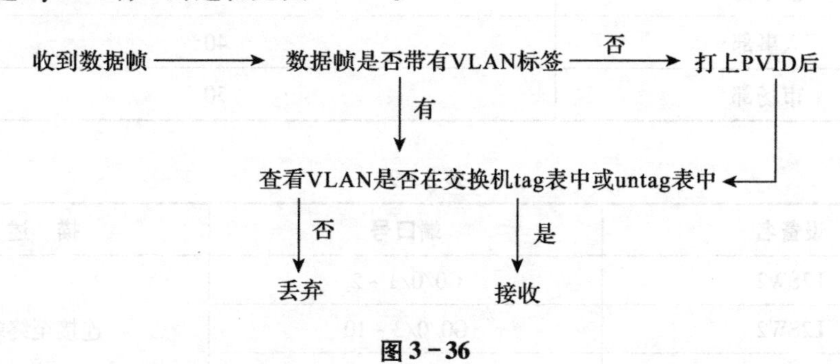

图 3－36

数据帧出 hybrid 端口的过程见图 3－37。

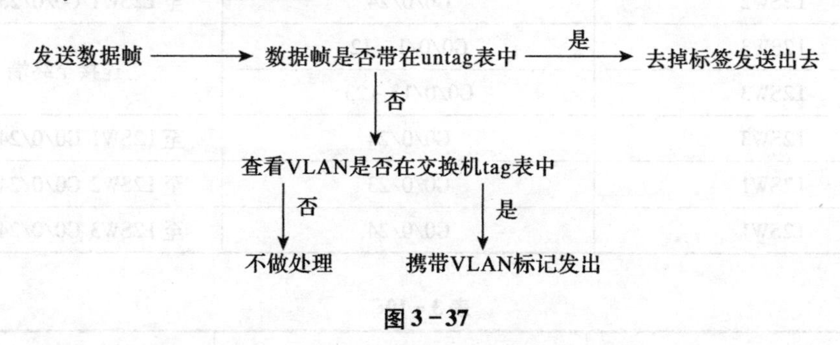

图 3－37

总结：基于子网、基于协议、基于 MAC 地址的 VLAN 划分以及 isolate-user-vlan 等技术使用 hybrid 端口。

课堂小测试

某企业现有董事长办公室、财务部、技术部、人事部、市场部共 5 个部门。董事长办公室有信息点 2 个，财务部有信息点 8 个，技术部有信息点 13 个，人事部有信息点 12 个，市场部有信息点 11 个。现需要对网络进行 VLAN 划分，并配置单臂路由技术保证 VLAN 间数据三层互通。拓扑如图 3－38 所示。

从业务角度讲，一般情况下依据部门划分 VLAN，技术上体现出来是基于端口划分 VLAN。交换机对应的 VLAN 端口要从实际综合布线情况分析，所以 VLAN 划分情况见表 3－8 ~ 表 3－10。

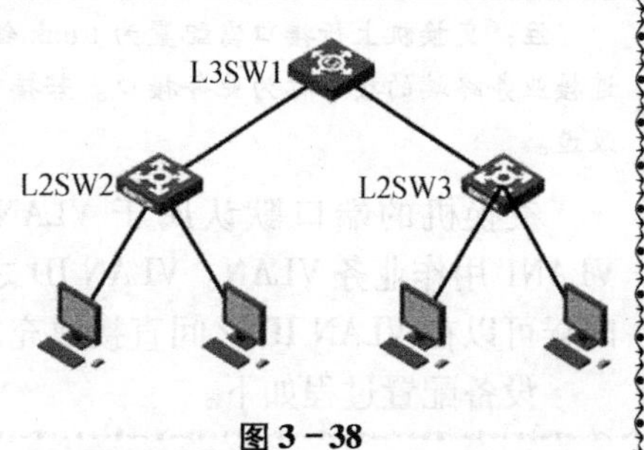

图 3－38

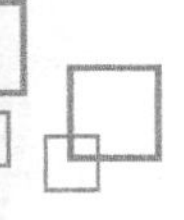

表 3－8

部　　门	VLAN ID
董事长办公室	10
财务部	20
技术部	30
人事部	40
市场部	50

表 3－9

设备名	端口号	描　述
L2SW2	G0/0/1～2	连接至终端
L2SW2	G0/0/3～10	
L2SW2	G0/0/11～23	
L2SW2	G0/0/24	全 L2SW1 G0/0/23 接口
L2SW3	G0/0/1～12	连接至终端
L2SW3	G0/0/13～23	
L2SW3	G0/0/24	至 L2SW1 G0/0/24 接口
L2SW1	G0/0/23	至 L2SW2 G0/0/24 接口
L2SW1	G0/0/24	至 L2SW3 G0/0/24 接口

表 3－10

VLAN ID	设备名	端口号
10	L2SW2	G0/0/1～2
20	L2SW2	G0/0/3～10
30	L2SW2	G0/0/11～23
40	L2SW3	G0/0/1～12
50	L2SW3	G0/0/13～23

注：交换机上行接口需配置为 trunk 链路。工程上习惯将设备端口序号最大的设置为 trunk 端口，连接业务终端的接口称为业务接口。若接口有剩余，会考虑从大到小设置为 trunk 端口，便于网络升级改造。

交换机的端口默认属于 VLAN1，所以在进行 VLAN 划分的时候，建议不要把 VLAN1 用作业务 VLAN。VLAN ID 之间建议间隔数字稍微放大，这样有其他业务扩展的时候可以在 VLAN ID 之间直接填充。

设备配置过程如下。

1）创建 VLAN。命令如下：

```
[L2SW2]vlan 10
[L2SW2-vlan10]quit
[L2SW2]vlan 20
[L2SW2-vlan10]quit
[L2SW2]vlan 30
[L2SW2-vlan10]quit
[L2SW2]vlan 40
[L2SW2-vlan10]quit
[L2SW2]vlan 50
```

其他设备创建 VLAN 过程略。

2）将对应接口划分至对应 VLAN。命令如下：

```
[L2SW2]interface range GigabitEthernet 0/0/1 to GigabitEthernet 0/0/2
[L2SW2-if-range]port link-type access
[L2SW2-if-range]port access vlan 10
[L2SW2-if-range]quit
[L2SW2]interface range GigabitEthernet 0/0/3 to GigabitEthernet 0/0/10
[L2SW2-if-range]port link-type access
[L2SW2-if-range]port access vlan 20
[L2SW2-if-range]quit
[L2SW2]interface range GigabitEthernet 0/0/11 to GigabitEthernet 0/0/23
[L2SW2-if-range]port link-type access
[L2SW2-if-range]port access vlan 30
[L2SW2-if-range]quit
[L2SW3]interface range GigabitEthernet 0/0/1 to GigabitEthernet 0/0/12
[L2SW3-if-range]port link-type access
[L2SW3-if-range]port access vlan 40
[L2SW3-if-range]quit
[L2SW3]interface range GigabitEthernet 0/0/13 to GigabitEthernet 0/0/23
[L2SW3-if-range]port link-type access
[L2SW3-if-range]port access vlan 50
[L2SW3-if-range]quit
```

3）配置交换机之间相连端口为 trunk 端口，并允许业务 VLAN 数据通过该端口。命令如下：

```
[L3SW1]interface GigabitEthernet 1/0/23
[L3SW1-GigabitEthernet1/0/23]port link-type trunk
[L3SW1-GigabitEthernet1/0/23]port trunk permit vlan 10 20 30 40 50
[L3SW1-GigabitEthernet1/0/23]undo port trunk permit vlan 1
[L3SW1]interface GigabitEthernet 1/0/24
[L3SW1-GigabitEthernet1/0/24]port link-type trunk
[L3SW1-GigabitEthernet1/0/24]port trunk permit vlan 10 20 30 40 50
```

```
[L3SW1-GigabitEthernet1/0/24]undo port trunk permit vlan 1
[L2SW2]interface GigabitEthernet 1/0/24
[L2SW2-GigabitEthernet1/0/24]port link-type trunk
[L2SW2-GigabitEthernet1/0/24]port trunk permit vlan 10 20 30 40 50
[L2SW2-GigabitEthernet1/0/24]undo port trunk permit vlan 1
[L2SW3]interface GigabitEthernet 1/0/24
[L2SW3-GigabitEthernet1/0/24]port link-type trunk
[L2SW3-GigabitEthernet1/0/24]port trunk permit vlan 10 20 30 40 50
[L2SW3-GigabitEthernet1/0/24]undo port trunk permit vlan 1
```

注意事项：想要查看配置了哪些 VLAN，以及 VLAN 和端口对应的关系，可以通过两条命令来分别实现。首先可以通过 display vlan 命令查看在设备上配置了哪些 VLAN。命令如下：

```
[L2SW1]display vlan
Total VLANs: 6
The VLANs include:
1(default), 10, 20, 30, 40, 50
```

然后可以通过 display vlan brief 命令查看 VLAN 和端口的具体对应关系。命令如下：

```
[L2SW1]display vlan brief
Brief information about all VLANs:
Supported Minimum VLAN ID: 1
Supported Maximum VLAN ID: 4094
Default VLAN ID: 1
VLAN ID   Name                           Port
1         VLAN 0001      FGE1/0/53  FGE1/0/54  GE1/0/24
                                  GE1/0/25  GE1/0/26  GE1/0/27
                                  GE1/0/28  GE1/0/29  GE1/0/30
                                  GE1/0/31  GE1/0/32  GE1/0/33
                                  GE1/0/34  GE1/0/35  GE1/0/36
                                  GE1/0/37  GE1/0/38  GE1/0/39
                                  GE1/0/40  GE1/0/41  GE1/0/42
                                  GE1/0/43  GE1/0/44  GE1/0/45
                                  GE1/0/46  GE1/0/47  GE1/0/48
                                  XGE1/0/49  XGE1/0/50  XGE1/0/51
                                  XGE1/0/52
10        VLAN 0010      GE1/0/1  GE1/0/2
20        VLAN 0020      GE1/0/3  GE1/0/4  GE1/0/5  GE1/0/6
                                GE1/0/7  GE1/0/8  GE1/0/9  GE1/0/10
30        VLAN 0030      GE1/0/11  GE1/0/12  GE1/0/13
                                  GE1/0/14  GE1/0/15  GE1/0/16
                                  GE1/0/17  GE1/0/18  GE1/0/19
                                  GE1/0/20  GE1/0/21  GE1/0/22
                                                      GE1/0/23
```

微课视频 1
VLAN 原理及相关配置

对比上面的场景案例需求可以看到，通过命令可以查看到 VLAN 所对应的端口 ID。

3.4.2　MSTP + VRRP

1. MSTP

STP（Spanning Tree Protocol，生成树协议）可应用于在网络中建立树形拓扑，在实现冗余路径的同时消除网络中的环路。STP 适用于所有厂商的网络设备，尽管在配置和体现功能强度上有所差别，但是在原理和应用效果上是一致的。

STP 首先在网络中选举出一台根桥，即树根，然后通过逻辑上阻塞某些端口，使得每台非根桥只有一条路径到达根桥。这样，就避免了由二层默认转发广播，从而在物理环路上形成的二层数据环路问题，并且由于是逻辑上阻塞端口（即让端口不收发数据），当正常使用的链路发生故障，设备还可以重新打开被阻塞的端口，找到其他的路径到达目的地。

STP 的收敛速度比较慢，难以满足有些网络的要求，所以又有了 RSTP（Rapid Spanning Tree Protocol，快速生成树协议），在树形的收敛速度上有了很大的提升，从而被广泛使用。

无论是 STP 还是 RSTP，被阻塞的端口是无法转发数据的，所以必然有一些链路长期处于空闲状态。为了利用这个链路增强网络的利用率，还会采用 MSTP（Multiple Spanning Tree Protocol，多生成树协议）。区别于传统的 STP，它不再是基于整个网络产生一个属性拓扑结构，而是在网络中定义多个生成树实例，每个实例绑定多个 VLAN，维护自己独立的生成树。其最大的优点便是可以实现网络流量的负载分担。

不管是 STP 还是 RSTP/MSTP，它们的作用和工作过程都是一个老生常谈的问题。学习网络工程的上课过程中，这些问题都会被反复提及，所以这一块就不再花费篇幅介绍。下面主要介绍一下生成树使用时的一些注意事项：

1）默认情况下，H3C V7 版本的 STP 是开启的，并且版本是 MSTP。所以在不需要开启生成树的环境中，请关闭该协议。

2）如果交换器在开启 STP 之后，通过 display stp 命令查看发现不同的交换机选举的根桥不一致，请先查看所有开启 STP 的交换机端口是否是 up 的状态，并且接口是否允许相应的 VLAN 数据流通过。

3）H3C 交换机使用的开销标准采用的是私有标准，如果需要跟其他厂商的设备互连，必须更改接口的开销标准，如改成 dot1t 的标准。

4）如果开启了 MSTP，需要确保同一个域中的交换机的 VLAN 与实例映射关系一致。这个过程中经常有工程师配置时忘记配置域名，如果没有在交换机里输入 region-name 命令，会导致这台交换机使用默认域名。H3C 交换机的默认域名是交换机的 MAC 地址。

```
[H3C]display  stp region-configuration
 Oper Configuration
   Format selector         : 0
   Region name             : 18acc3810200
   Revision level          : 0
   Configuration digest : 0x9357ebb7a8d74dd5fef4f2bab50531aa
```

此时会导致交换机在输入 display stp brief 命令时出现 master 端口的角色。

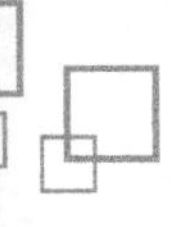

```
[H3C]display  stp  brief
 MST ID    Port                                    Role  STP State   Protection
 0         GigabitEthernet1/0/1                    ROOT  FORWARDING  NONE
 0         GigabitEthernet1/0/2                    ALTE  DISCARDING  NONE
 1         GigabitEthernet1/0/1                    MAST  FORWARDING  NONE
 1         GigabitEthernet1/0/2                    ALTE  DISCARDING  NONE
 2         GigabitEthernet1/0/1                    MAST  FORWARDING  NONE
 2         GigabitEthernet1/0/2                    ALTE  DISCARDING  NONE
```

5）如果出现 master 端口的角色，一般是有交换机与其他交换机处于不同的域，此时最主要的就是查看域名或者实例映射关系是否一致。

2. VRRP

VRRP（Virtual Router Redundancy Protocol，虚拟路由冗余协议）是一种路由容错协议，也可以叫作备份路由协议。一个局域网络内的所有主机都设置默认路由，当网内主机发出的目的地址不在本网段时，报文将被通过默认路由发往外部路由器，从而实现了主机与外部网络的通信。当默认路由器 down 掉（即端口关闭）之后，内部主机将无法与外部通信。VRRP 就是为解决上述问题而提出的。

VRRP 将局域网的一组路由器（包括一个 Master 即活动路由器和若干个 Backup 即备份路由器）组成一个虚拟路由器，称为一个备份组。这个虚拟的路由器拥有自己的 IP 地址，备份组内的路由器也有自己的 IP 地址。局域网内的主机仅仅知道这个虚拟路由器的 IP 地址，而并不知道具体的 Master 路由器的 IP 地址以及 Backup 路由器的 IP 地址。它们将自己的默认路由下一跳地址设置为该虚拟路由器的 IP 地址。于是，网络内的主机通过这个虚拟的路由器来与其他网络进行通信。如果备份组内的 Master 路由器坏掉，Backup 路由器将会通过选举策略选出一个新的 Master 路由器，继续向网络内的主机提供转发数据的路由服务，从而实现网络内的主机不间断地与外部网络进行通信。

课堂小测试

现有一个企业，包括 4 个部门。部门一所用的 IP 地址段是 10.0.1.0/24，网关地址是 10.0.1.254，属于 VLAN10；部门二所用的 IP 地址段是 10.0.2.0/24，网关地址是 10.0.2.254，属于 VLAN20；部门三所用的 IP 地址段是 10.0.3.0/24，网关地址是 10.0.3.254，属于 VLAN30；部门四所用的 IP 地址段是 10.0.4.0/24，网关地址是 10.0.4.254，属于 VLAN40。

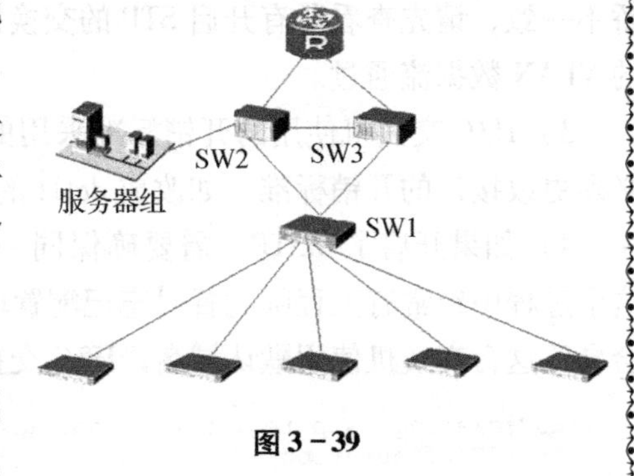

图 3-39

如图 3-39 所示，本来 SW2 为各个部门的网关，为增加网络的健壮性，需要配置冗余策略，增加了交换机 SW3 作为网关，实现网关冗余。正常情况下，在二层设备接入的 VLAN10 和 VLAN20 的数据流量经由 SW2 向路由器转发，VLAN30 和 VLAN40 的数据流量经由 SW3 转发。当 SW2 发生故障时，VLAN10 和 VLAN20 的数据流量切换到 SW3 上；当 SW3 发生故障时，VLAN30

和 VLAN40 的数据流量切换到 SW2 上。

SW1、SW2 和 SW3 之间存在环路，使用 MSTP 消除设备之间的环路。设计 3 台设备在同一个域名为 JC 的域中，VLAN10 和 VLAN20 映射到实例 1 中，VLAN30 和 VLAN40 映射到实例 2 中。SW2 是实例 1 的主根，实例 2 的备根；SW3 是实例 1 的备根，实例 2 的主根。

在 SW2 和 SW3 上配置 VRRP，实现主机的网关冗余，所配置的参数要求见表 3-11。

表 3-11

VLAN	VRRP 备份组号（VRID）	VRRP 虚拟 IP
VLAN10	10	10.0.1.254
VLAN20	20	10.0.2.254
VLAN30	30	10.0.3.254
VLAN40	40	10.0.4.254

SW2 作为 VLAN10 和 VLAN20 内主机的实际网关，SW3 作为 VLAN30 和VLAN40内主机的实际网关，且互为备份；其中各 VRRP 组中高优先级设置为 120，低优先级默认为 100。

设备配置过程如下。

1）配置 SW1。命令如下：

```
#给各个部门的数据分别打上相对应的标签。
[SW1] vlan 10
[SW1-vlan10] port ethernet 1/1
[SW1-vlan10] quit
[SW1] vlan 20
[SW1-vlan20] port ethernet 1/2
[SW1-vlan20] quit
[SW1] vlan 30
[SW1-vlan30] port ethernet 1/3
[SW1-vlan30] quit
[SW1] vlan 40
[SW1-vlan40] port ethernet 1/4
[SW1-vlan40] quit
#配置 SW1 连接 SW2、SW3 的端口为 trunk 端口,并允许 VLAN10 ~40 的报文通过。
[SW1] interface ethernet 1/5
[SW1-Ethernet1/5] port link-type trunk
[SW1-Ethernet1/5] port trunk permit vlan 10 20 30 40
[SW1] interface ethernet 1/6
[SW1-Ethernet1/6] port link-type trunk
```

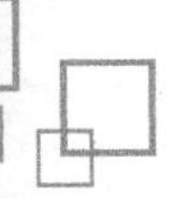


```
[SW1-Ethernet1/6] port trunk permit vlan 10 20 30 40
#配置 MSTP
[SW1] stp region-configuration
[SW1-mst-region] region-name JC
[SW1-mst-region] instance 1 vlan 10 20
[SW1-mst-region] instance 2 vlan 30 40
[SW1-mst-region] active region-configuration
[SW1-mst-region] quit
[SW1] stp enable
```

2）配置SW2。命令如下：

#配置 SW2 连接 SW1、SW3 的端口为 trunk 端口，并允许 VLAN10～40 的报文通过。

```
[SW2] interface ethernet 1/1
[SW2-Ethernet1/1] port link-type trunk
[SW2-Ethernet1/1] port trunk permit vlan 10 20 30 40
[SW2] interface ethernet 1/2
[SW2-Ethernet1/2] port link-type trunk
[SW2-Ethernet1/2] port trunk permit vlan 10 20 30 40
#配置 MSTP
[SW2] stp region-configuration
[SW2-mst-region] region-name JC
[SW2-mst-region] instance 1 vlan 10 20
[SW2-mst-region] instance 2 vlan 30 40
[SW2-mst-region] active region-configuration
[SW2-mst-region] quit
[SW2] stp instance 1 root primary
[SW2] stp instance 2 root secondary
[SW2] stp enable
# 在上行接口上关闭 STP 功能。
[SW2] interface ethernet 1/3
[SW2-Ethernet1/3] undo stp enable
#创建 VRRP 备份组 1、2，配置 SW2 在备份组 1 中的优先级为 120。
[SW2] interface vlan-interface 10
[SW2-Vlan-interface10] ip address 10.0.1.253
[SW2-Vlan-interface10] vrrp vrid 1 virtual-ip 10.0.1.254
[SW2-Vlan-interface10] vrrp vrid 1 priority 120
[SW2] interface vlan-interface 20
[SW2-Vlan-interface20] ip address 20.0.1.253
[SW2-Vlan-interface20] vrrp vrid 2 virtual-ip 20.0.1.254
[SW2-Vlan-interface20] vrrp vrid 2 priority 120
# 创建 VRRP 备份组 3、4。
[SW2] interface vlan-interface 30
[SW2-Vlan-interface30] ip address 30.0.1.252
```

```
[SW2-Vlan-interface30] vrrp vrid 3 virtual-ip 30.0.1.254
[SW2] interface vlan-interface 40
[SW2-Vlan-interface40] ip address 40.0.1.252
[SW2-Vlan-interface40] vrrp vrid 4 virtual-ip 40.0.1.254
```

3）配置SW3。命令如下：

```
#配置 SW3 连接 SW1、SW2 的端口为 trunk 端口,并允许 VLAN10 ~40 的报文通过。
[SW3] interface ethernet 1/1
[SW3-Ethernet1/1] port link-type trunk
[SW3-Ethernet1/1] port trunk permit vlan 10 20 30 40
[SW3] interface ethernet 1/2
[SW3-Ethernet1/2] port link-type trunk
[SW3-Ethernet1/2] port trunk permit vlan 10 20 30 40
#配置 MSTP
[SW3] stp region-configuration
[SW3-mst-region] region-name JC
[SW3-mst-region] instance 1 vlan 10 20
[SW3-mst-region] instance 2 vlan 30 40
[SW3-mst-region] active region-configuration
[SW3-mst-region] quit
[SW3] stp instance 2 root primary
[SW3] stp instance 1 root secondary
[SW3] stp enable
# 在上行接口上关闭 STP 功能。
[SW3] interface ethernet 1/3
[SW3-Ethernet1/3] undo stp enable
#创建 VRRP 备份组 1、2。
[SW3] interface vlan-interface 10
[SW3-Vlan-interface10] ip address 10.0.1.252
[SW3-Vlan-interface10] vrrp vrid 1 virtual-ip 10.0.1.254
[SW3] interface vlan-interface 20
[SW3-Vlan-interface20] ip address 20.0.1.252
[SW3-Vlan-interface20] vrrp vrid 2 virtual-ip 20.0.1.254
# 创建 VRRP 备份组 3、4,配置 SW3 在备份组 3、4 中的优先级为 120。
[SW3] interface vlan - interface 30
[SW3-Vlan-interface30] ip address 30.0.1.253
[SW3-Vlan-interface30] vrrp vrid 3 virtual-ip 30.0.1.254
[SW3-Vlan-interface10] vrrp vrid 3 priority 120
[SW3] interface vlan-interface 40
[SW3-Vlan-interface40] ip address 40.0.1.253
[SW3-Vlan-interface40] vrrp vrid 4 virtual-ip 40.0.1.254
[SW3-Vlan-interface10] vrrp vrid 4 priority 120
```

微课视频2
MSTP验证配置及相关配置

微课视频3
VRRP验证配置及相关排错

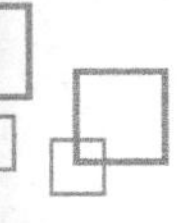

3.4.3 IP 地址规划

在网络中每一台设备都需要 IP 地址标识，可以说，一台设备如果没有 IP 地址，那么它在这个网络中就是“隐形人”，是不存在的。因此在构建一个网络时，网络中设备的 IP 地址规划尤其重要。

1. IP 地址的概念与划分地址技术的发展

第一阶段：IP 地址是由网络号与主机号组成，长度 32 位，用点分十进制表法表示，这样就构成了标准分类的 IP 地址。

第二阶段：在标准分类 IP 地址的基础上，增加子网号的三级地址结构。

第三阶段：无类域间路由，超网技术 CIDR。

第四阶段：网络地址转换技术 NAT。

2. 标准分类的 IP 地址

标准分类的 IP 地址如图 3－40 所示。

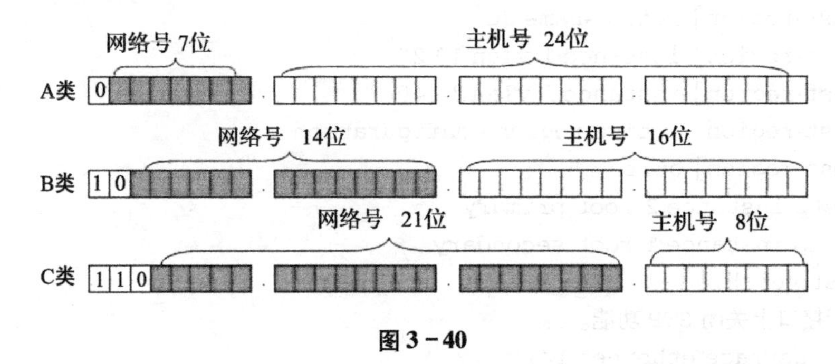

图 3－40

（1）A 类地址

A 类地址网络号的第一位是 0，其余 7 位可以分配。A 类地址共有 2^7 = 128 个网络，范围是 0.0.0.0 ~ 127.255.255.255。其中，0.0.0.0 ~ 0.255.255.255，127.0.0.0 ~ 127.255.255.255 作为特殊地址，每个网络可以分配给 2^{24} 个主机号，但主机号全 0 和全 1 的两个地址保留用于特殊目的，故每个网络可以有 $2^{24}-2=16777214$ 个主机。

（2）B 类地址

B 类地址的网络号长 14 位，第一个字节的前 2 位是 10，网络号总数为 $2^{14}=16384$。B 类地址的主机号长 16 位，因此每个 B 类网络可以有 $2^{16}=65536$ 个主机号。但全 0 和全 1 用于特殊目的。所以可分配的只有 65534 个主机。

（3）C 类地址

C 类地址的网络号长 21 位，第一个字节的前 3 位是 110，网络号总数为 $2^{21}=2097152$。主机号长度为 8 位，可以有 $2^8=256$ 个，但全 0 和全 1 用于特殊目的。

（4）特殊地址

特殊 IP 地址包括直接广播地址、受限广播地址、“这个网络上的特定主机”地址以及回送地址。

1）直接广播地址。在A、B、C类IP地址中，如果主机号全是1，那么这个地址为直接广播地址，它用来使路由器将一个分组以广播方式发送给特定网络上的所有主机。

2）受限广播地址。32位全为1的IP地址为受限广播地址，用来将一个分组以广播方式发送给本地网络中的所有主机。路由器会阻挡该分组通过。

3）“这个网络上的特定主机”地址。当一个主机或一个路由器向本地网络的某个特定的主机发送一个分组，那么它需要使用“这个网络上的特定主机”地址。“这个网络上的特定主机”地址的网络号全为0，主机号为确定的值。这样的分组会被限定在本地网络内部，由主机号对应的主机接收。

4）回送地址。A类地址中的127.0.0.018是回送地址，它是一个保留地址。回送地址用于网络软件测试和本地进程间通信。TCP/IP规定，含网络号为127的分组不能出现在任何网络上；主机和路由器不能为该地址广播任何寻址信息。使用ping命令可以发送一个将回送地址作为目的地址的分组，以测试IP软件能否接收或发送一个分组。一个客户进程可以使用回送地址作为目的地址的分组给本地的另一个进程，用来测试本地进程之间的通信状况。

3. 划分子网的三级IP地址结构

（1）子网的概念

标准分类的IP地址存在以下两个问题：

1）IP地址的有效利用率问题。

2）路由器的工作效率问题。

提出子网概念的基本思想是：允许将网络划分成多个部分供内部使用，但是对于外部仍然像一个网络一样。

（2）划分子网的地址结构

IP地址是层次型结构，长度为32位。标准的A、B、C类IP地址是包括网络号与主机号的两级层次结构。划分子网技术的要点如下：

1）三级层次的IP地址为网络号、子网号、主机号，如图3-41所示。

2）同一个子网中所有的主机必须使用相同的子网号。

3）子网的概念可以应用于A、B、C类中的任意一类IP地址中。

4）子网之间的距离必须很近（从路由器的工作效率考虑）。

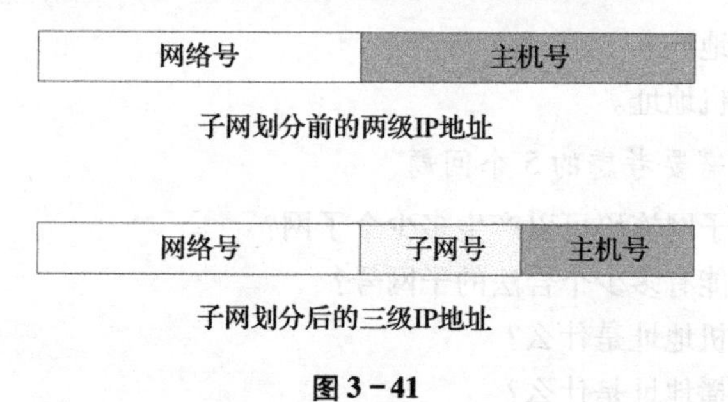

图3-41

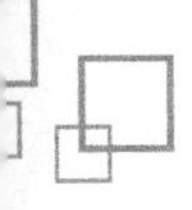

(3) 子网掩码的概念

为了解决从一个 IP 地址中抽取出子网号的问题，人们提出了子网掩码的概念：子网掩码 =（网络号 + 子网号）部分全为 1，主机号全为 0，如图 3 - 42 所示。

如果路由器在处理划分子网之后的三层结构 IP 地址时，需要给它 IP 地址和子网掩码。子网号是在原主机号中借号的，原网络号不变。IP 允许使用变长子网的划分。

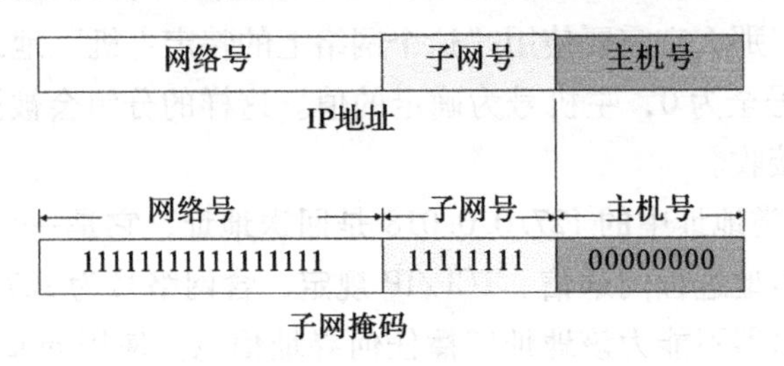

图 3 - 42

4. 专用 IP 地址与内部网络地址规划方法

全局地址和专用地址使用 IP 地址的网络有以下两种情况：

1）将网络直接连接到 Internet。

2）内部网络，不直接连接到 Internet。

使用专用地址规划一个内部网络地址系统时，首选的方案是使用 A 类地址中的专用 IP 地址块。理由如下：

1）该地址块覆盖 10.0.0.0 ~ 10.255.255.255 的地址空间，由用户分配的子网与主机号的总长度为 24 位，可以满足各种专用网络的需要。

2）A 类专用地址特征比较明显，当然 B 类的 16 个专用地址块和 C 类的 256 个专用地址块也可以使用。

5. IP 地址规划方法

网络地址规划需要按以下 6 步进行：

1）判断用户对网络与主机数的要求。

2）计算满足用户需求的基本网络地址结构。

3）计算地址掩码。

4）计算网络地址。

5）计算网络广播地址。

6）计算网络的主机地址。

6. 子网地址规划需要考虑的 5 个问题

1）这个被选定的子网掩码可以产生多少个子网？

2）每个子网内部能有多少个合法的子网号？

3）这些合法的主机地址是什么？

4）每个子网的广播地址是什么？

5）每个子网内部合法的网络号是什么？

课堂小测试

一个小公司中，目前有 A～E 共 5 个部门，其中 A 部门有 10 台 PC（Host，主机），B 部门有 20 台，C 部门有 30 台，D 部门有 15 台，E 部门有 20 台。领导分配了一个总的网段是 192.168.2.0/24。应该如何为每个部门划分单独的网段？

要划分子网，必须制定每一个子网的掩码规划，换句话说，就是要确定每一个子网能容纳的最多的主机数，即 0 的个数，显然，应该以这几个部门中拥有主机数量最多的为准。在本例中，主机数量最多的 C 部门有 30 台主机，那么在操作中可以套用以下经典公式：

$$2^N - 2 \geqslant \text{Hosts}，即\ 2^N - 2 \geqslant 30，所以\ N = 5。$$

其中，N 代表掩码中 0 的个数，5 个零则意味着二进制掩码为 11100000，即十进制的 224；加上前面 24 个 1，1 的总数为 27 个。该掩码十进制表示为：255.255.255.224/27；确定掩码规则以后，就要确认每一个子网的具体地址段。

首先，确定 A 部门的网络 ID。网络 ID 即本部门所在的网段，是由 IP 地址与掩码作“与运算”的结果。“与运算”是一种逻辑算法，其规则是：1 与 1 为 1；0 与 0 、0 与 1、1 与 0 的结果均为 0。

已知当前的 IP 地址 192.168.2.0 的最后一位是 0，二进制表示为 0000000；而已经算出的掩码 255.255.255.224 的最后一位是 224，二进制表示为 1100000。下面来做一个与运算。注意，由于掩码的后五位为 0，那么 IP 地址只有前三位参加运算，而后五位仅仅列出，不参加运算。

1 个子网

```
       0 0 0   0 0 0 0 0
   与  1 1 1   0 0 0 0 0
       ─────────────────
       0 0 0   0 0 0 0 0   （十进制：0）
```

2 个子网

```
       0 0 1   0 0 0 0 0
   与  1 1 1   0 0 0 0 0
       ─────────────────
       0 0 1   0 0 0 0 0   （十进制：32）
```

3 个子网

```
       0 1 0   0 0 0 0 0
   与  1 1 1   0 0 0 0 0
       ─────────────────
       0 1 0   0 0 0 0 0   （十进制：64）
```

……

这里已经计算出了 $N=5$ 有 5 个 0，那么还剩 3 个 1，按 $2^3=8$，这里应划分为 8 个子网，见表 3－12。

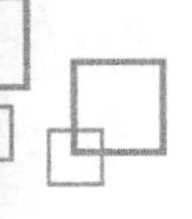

表 3-12

子网	二进制子网号	二进制主机号范围	十进制主机号范围	可容纳的主机数	子网地址	广播地址
1	000	00000~11111	.0~.31	30	.0	.31
2	001	00000~11111	.32~.63	30	.32	.63
3	010	00000~11111	.64~.95	30	.64	.95
4	011	00000~11111	.96~.127	30	.96	.127
5	100	00000~11111	.128~.159	30	.128	.159
6	101	00000~11111	.160~.191	30	.160	.191
7	110	00000~11111	.192~.223	30	.192	.223
8	111	00000~11111	.224~.255	30	.224	.255

这里子网地址与广播地址不可用，如 1 号子网，简单说就是可用地址为网络地址 + 1 ~ 广播地址 - 1。

这样就得到了 A 部门的网络 ID 为 192.168.2.0/27，依此类推，根据主机数最多为 30 个的原则，B 部门为 192.168.2.32/27，C 部门为 192.168.2.64/27 等。

思考题：公司各部门现有条件下的网络可扩展性如何？

解析：所谓可扩展性，就是在目前网络规划的条件下，各部门所能增加的主机数量，即有效的主机数减去现有主机数的值。对 A 部门而言，30 - 10 = 20，那么，A 部门还能再增加 20 台主机；而 C 部门就无法再增加了。

3.4.4 路由协议规划

1. 静态路由协议

静态路由协议配置简单、资源占用少，但是相对于动态路由协议来说，如果在一个大型网络或者网段比较多的情况下使用静态路由协议，最直接的一个问题就是网络工程师需要对网络整体架构非常清晰，而且不允许出现错误，一旦配错造成的结果最直接的体现就是网络无法通信。静态路由的后期维护也较为复杂，在一个 full mesh 环境（全连接，所有设备均可以和其他设备进行通信，类似于网状结构）下，如果对网络进行升级改造，就必须去更改所有路由器的配置。所以，静态路由协议适用于设备较少的网络或者网络环境较为简单清晰的情况。

2. RIP 协议

RIP（Routing Information Protocol，路由信息协议）是一种基于距离矢量的路由协议，属于动态路由协议的一种。因其工作特性相对于其他动态路由协议来说比较落后，存在网络收敛时间慢、带宽占用高等问题。最致命的一点就是 RIP 以跳数作为度量，既无法保证选路的最优原则，又直接限制了网络的规模，所以在实际工程项目中几乎不使用。现在大家遇到的

RIP更多地出现在教学、实验环境中。

3. OSPF协议

OSPF（Open Shortest Path First，开放式最短路径优先）协议是一个比较强大的IGP（Interior Gateway Protocol，内部网关协议）。该协议将路由计算与路由传递分隔开来，并且全部由设备完成，而传递过程又相对于RIP的“整张表传递”来说更为科学。同时，OSPF协议的度量值计算方法也更为合理，度量值更加倾向于带宽，“累计链路开销”的计算方式也使得OSPF协议又能对跳数有一个很好的控制。将一个庞大的运行OSPF协议的网络划分成多个区域，还可以降低OSPF的LSDB（Link State DataBase，链路状态数据库）大小，也一定程度上避免了因某个区域产生问题从而使整网环境产生网络震荡。网络即使升级改造，也只需要在设备上开启进程并宣告相应网段，或者再配置上某些特性即可，不需要对其他设备进行操作。因为这些特点，OSPF协议成为当今比较流行的一款动态路由协议，适用于大型网络。

4. IS-IS协议

IS-IS（Intermediate System to Intermediate System，中间系统到中间系统）协议属于IGP，用于自治系统内部。它是一种链路状态协议，与TCP/IP网络中的OSPF协议非常相似，使用最短路径优先算法进行路由计算。

为了支持大规模的路由网络，IS-IS协议在路由域内采用两级分层结构。一个大的路由域被分成一个或多个区域（Areas），并定义了路由器的三种角色：Level-1、Level-2、Level-1-2。区域内的路由通过Level-1路由器管理，区域间的路由通过Level-2路由器管理。下面简要说明一下这三类路由器角色。

1）Level-1路由器负责区域内的路由，只与属于同一区域的Level-1和Level-1-2路由器形成邻居关系，维护一个Level-1的链路状态数据库。该链路状态数据库包含本区域的路由信息，到区域外的报文转发给最近的Level-1-2路由器。

2）Level-2路由器负责区域间的路由，可以与同一区域或者其他区域的Level-2和Level-1-2路由器形成邻居关系，维护一个Level-2的链路状态数据库。该链路状态数据库包含区域间的路由信息。所有Level-2路由器和Level-1-2路由器组成路由域的骨干网，负责在不同区域间通信，路由域中的Level-2路由器必须是物理连续的，以保证骨干网的连续性。

3）同时属于Level-1和Level-2的路由器称为Level-1-2路由器，可以与同一区域的Level-1和Level-1-2路由器形成Level-1邻居关系，也可以与同一区域或者其他区域的Level-2和Level-1-2路由器形成Level-2的邻居关系。Level-1路由器必须通过Level-1-2路由器才能连接至其他区域。Level-1-2路由器维护两个链路状态数据库，Level-1的链路状态数据库用于区域内路由，Level-2的链路状态数据库用于区域间路由。

5. BGP

BGP（Border Gateway Protocol，边界网关协议）属于外部网关协议，侧重点与其他几种协议完全不同。IGP关注的是路由的发现与学习，而BGP侧重于路由信息的传递。丰富的属性及强大的选路原则使得BGP在超大型网络中对于路由表能有一个精准的控制。

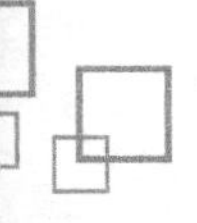

课堂小测试

某大型集团总部位于北京，在南京、长沙、广州都有子公司，每个子公司都有好几个业务网络。现需对其网络进行配置，保证整个集团都能够互相通信，前期准备与底层配置已完成。拓扑如图 3－43 所示。

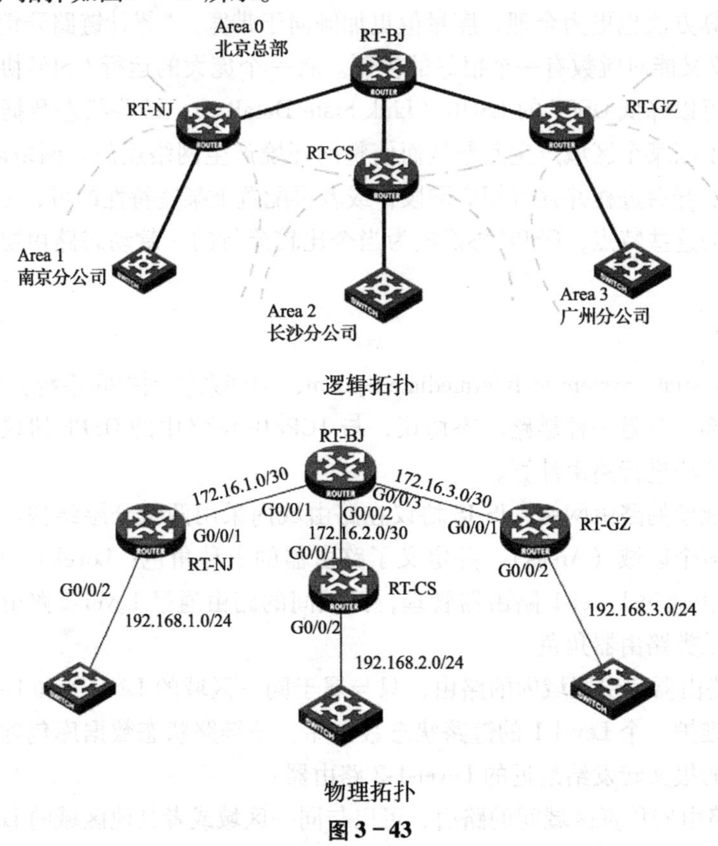

图 3－43

该集团网络规模较大，IP 网段较多，如果选用静态路由协议，一旦企业发展需要成立新的子公司，那么整体网络都需要操作，因此决定使用动态路由协议。OSPF 协议相对于 IS-IS 协议来说，对路由的控制更为精细，所以针对本项目，决定使用 OSPF 协议进行配置。因为 OSPF 中 LSDB 可能过于庞大，引入了多区域的概念，每个区域内的路由器独立维护自己区域的 LSDB，只有 ABR 设备需要维护所属区域的几个路由表就可以。针对项目中的情况，每个子公司划分至一个区域，北京总部作为区域 0，所有非骨干区域直接通过专线的方式连接到总部。其中有一点非常重要，在 OSPF 中去标识某一台设备使用的是 router-id，router-id 是以 IP 地址的形式体现出来，但是并不是实际的 IP 地址，仅仅是格式相同而已。在实际工程项目中，这一参数必须手工指定，同时以一个文档的形式，将 router-id 和设备名称对应起来。这样一旦产生故障，就可以通过信息的 router-id 准确地定位到设备上。案例中的 router-id 方案见表 3－13。

表3-13

router-id	设备名	设备所在地
1.1.1.1	RT-BJ	北京总部
2.2.2.2	RT-NJ	南京分公司
3.3.3.3	RT-CS	长沙分公司
4.4.4.4	RT-GZ	广州分公司

设备配置命令如下：

```
[RT-BJ]ospf 1 router-id 1.1.1.1
[RT-BJ-ospf-1]area 0
[RT-BJ-ospf-1-area-0.0.0.0]network 172.16.1.0 0.0.0.3
[RT-BJ-ospf-1-area-0.0.0.0]network 172.16.2.0 0.0.0.3
[RT-BJ-ospf-1-area-0.0.0.0]network 172.16.3.0 0.0.0.3
[RT-NJ]ospf 1 router-id 2.2.2.2
[RT-NJ-ospf-1]area 0
[RT-NJ-ospf-1-area-0.0.0.0]network 172.16.1.0 0.0.0.3
[RT-NJ-ospf-1]area 1
[RT-NJ-ospf-1-area-0.0.0.1]network 192.168.1.0 0.0.0.255

[RT-CS]ospf 1 router-id 3.3.3.3
[RT-CS-ospf-1]area 0
[RT-CS-ospf-1-area-0.0.0.0]network 172.16.2.0 0.0.0.3
[RT-CS-ospf-1]area 2
[RT-CS-ospf-1-area-0.0.0.2]network 192.168.2.0 0.0.0.255

[RT-GZ]ospf 1 router-id 4.4.4.4
[RT-GZ-ospf-1]area 0
[RT-GZ-ospf-1-area-0.0.0.0]network 172.16.3.0 0.0.0.3
[RT-GZ-ospf-1]area 3
[RT-GZ-ospf-1-area-0.0.0.3]network 192.168.3.0 0.0.0.255
```

思考题：配置好 OSPF，但是 ping 不通，数据也无法访问，怎么办？

解析：数据能否通信的前提是 OSPF 路由表是否可以获取到对应的路由，可以通过“display ip routing-table”命令查看。如果没有获取，就查看一下本地的 OSPF 邻居是否为 full 状态。如果不是 full 状态，也就是 OSPF 没有邻接状态。出现这种情况的原因有很多，可以通过以下方式查看：

1）路由器的接口是否开启了 OSPF 的进程。OSPF 的区域、进程等都是基于端口的，如果接口连进程都没有开启，或者没有在对应区域内宣告物理网段，那么肯定无法形成 OSPF 邻接关系。如果设备启用了 OSPF 进程，依然无法形成 OSPF 的邻接关系，那么就要检查一下，两端的物理接口上的子网掩码配置是否有错误。要求运行 OSPF 协议的邻居设备物理接口的 IP 地址必须在同一个网段，子网掩码必须是一致的，否则无

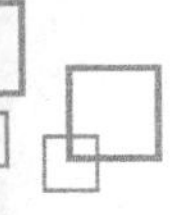

法建立邻接关系。

2）OSPF 的区域类型配置是否一致。OSPF 的区域是基于接口的，而不是基于设备的，这一点一定要区分清楚。其实最简单的一个解释就是，在一段链路上的所有接口，必须属于同一个区域，两端的区域 ID 不一致，OSPF 的邻接关系也是建立起不来的。

3）两台设备是否配置了认证，而且认证是否通过。OSPF 协议是支持认证的，如果无法通过认证，OSPF 协议是无法正常工作的。

4）OSPF 的 router-id 是否冲突。在 OSPF 网络中，标识某一台设备使用的是 router-id，而各台设备的 router-id 不能相同。

场景案例中，根据该公司发展需要，在上海成立了新的分公司。网络工程师想把上海分公司的网络加入整个网络环境中，并规划区域为区域 4，区域已经配置完毕，但是没有 OSPF 的邻接关系。

根据 OSPF 邻接关系无法建立的原因逐步分析，逐步进行测试。

在 OSPF 协议视图下通过“display this”命令查看配置，发现 OSPF 区域配置没有问题，并且宣告了相应的网络。

```
ospf 1router-id 5.5.5
area 0.0.0.0
network 172.16.4.0 0.0.0.3
area 0.0.0.1
network 192.168.4.0 0.0.0.255
```

再通过“display ospf statistics error”命令查看 OSPF 的错误事件统计。

```
        OSPF Process 1 with Router ID 5.5.5.5
                OSPF Packet Error Statistics
0     : Router ID confusion           0    : Bad packet
0     : Bad version                   0    : Bad checksum
0     : Bad area ID                   0    : Drop on unnumbered link
0     : Bad virtual link              0    : Bad authentication type
0     : Bad authentication key        0    : Packet too small
0     : Neighbor state low            0    : Transmit error
0     : Interface down                0    : Unknown neighbor
34    : HELLO: Netmask mismatch       0    : HELLO:Hello - time mismatch
0     : HELLO: Dead - time mismatch   0    : HELLO:Ebit option mismatch
0     : DD: MTU option mismatch       0    : DD: Unknown LSA type
0     : DD: Ebit option mismatch      0    : ACK: Bad ack
0     : ACK: Unknown LSA type         0    : REQ: Empty request
0     : REQ: Bad request              0    : UPD: LSA checksum bad
0     : UPD: Unknown LSA type         0    : UPD: Less recent LSA
```

发现“HELLP：Netmask mismatch”一行非 0，意味着相应的参数出现了错误，就可以有针对性地去检查接口掩码的配置，建立 OSPF 邻居关系所用的接口是 G0/0 接口，通过“display interface GigabitEthernet 0/0”命令查看该接口下 IP 地址和掩码的配置，发现掩码配置为 24 位。

```
[RT-SH]display interface GigabitEthernet,0/0
GigabitEthernet0/0
Current statp: UP
Line protocol state: UP
Description: GigabitEthernet0/0 Interface
Bandwidth: 1000000kbps
Maximum Transmit Unit: 1500
Internet Address is 172.16.4.2/24 Primary
[RT-BJ]display interface GigabitEthernet,5/0
GigabitEthernet 5/0
Current statp: UP
Line protocol state: UP
Description: GigabitEthernet 5/0 Interface
Bandwidth: 1000000kbps
Maximum Transmit Unit: 1500
Internet Address is 172.16.4.1/30 Primary
```

在对端设备下查看掩码配置，对端接口配置为 30 位掩码。根据需求，很显然本端（上海分公司端）掩码配置错误，修改接口下掩码为 30 位掩码，OSPF 的邻接关系转换为 full 状态，问题解决。

```
[RT-SH]display ospf peer

        OSPF Process 1 with Router ID 5.5.5.5
                Neighbor Brief Information

Area:0.0.0.0
Router ID       Address         Pri Dead-Time   State      Interface
1.1.1.1         172.16.4.1      1   35          Full/DR    GE0/0
```

微课视频 4
OSPF 多区域验证配置及排错

3.4.5 网络出口规划

随着 IPv4 地址的枯竭，必须要想一些方法来应对这个问题。IPv6 的引进虽然可以有效地解决这一问题，但是 IPv4 的网络过渡到 IPv6 还需要一段时间。在这段时间内，可以使用 NAT（Network Address Translation，网络地址转换）技术来解决地址枯竭的问题。除此之外，NAT 技术把私网地址转换为公网地址，运营商可以针对公网地址进行路由，而且还能对内网环境进行隐藏。在边缘路由器上配置 IP 地址的时候，静态 IP 地址的获取需要向运营商支付昂贵的费用，而动态 NAT 技术能够将多个私网地址转换为一个公网地址，基于端口号来进行区分。这样既可以保证私网地址到公网地址的转换，又可以节省费用。

在 H3C 的设备中，有一个 NAT 技术：EASY IP。该技术是动态 NAT 技术的一种特殊实现方式，其原理也是依靠基于端口的 NAT 技术，配置起来较为简单。

课堂小测试

某企业现从 ISP 处获取到静态 IP 地址，需要内网终端设备可以访问公网。拓扑如图 3－44 所示。

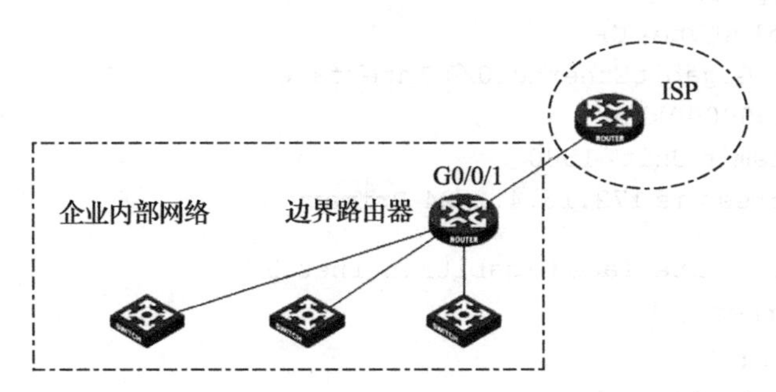

图 3－44

NAT 一般部署在出口路由器的公网接口上，配置完 ISP 分配的静态 IP 地址后，可以直接在接口下配置一条“nat outbound”命令实现 EASY IP。

配置命令如下：

```
[RT-GigabitEthernet0/0]nat outbound
```

配置完成后，可以直接通过 ping 命令检验配置正确性，也可以在流量经过 NAT 设备后，使用“display nat session”命令，查看 NAT 是否建立了会话。命令如下：

```
[RT]display nat session
Slot 0:
Initiator:
    Source          IP/port: 192.168.1.1/49664
    Destination     IP/port: 202.1.1.2/2048
    DS-Lite tunnel peer: -
    VPN instance/VLAN ID/VLL ID: -/-/-
    Protocol: ICMP(1)
    Inbound interface: InLoopBack0
```

微课视频 5
NAT 验证配置及实验

3.4.6 链路集合

局域网组网中，为了提升网络性能，可以通过增加链路的方式提升带宽。但是直接这样做的话，根据交换机的工作原理来看，会产生广播风暴等问题。使用 STP 可以避免这一问题的影响，不过也有其弊端所在，即通过对逻辑端口的阻塞，实现链路的唯一性，这样无法达到提升带宽的目的。链路聚合技术就是将多根物理线路捆绑成一根逻辑的线路，从而实现带宽增加的目的。使用链路聚合技术，要求链路聚合组两端接口的传输速率、双工模式、流控方式、数量必须一致。

链路聚合分为静态手工模式和 LACP 协商模式，静态手工模式可以将所有线路都用作数据传输的线路。LACP 协商模式又称为 M: N 模式，M 即为活动链路，也就是数据正常转发的链路；N 即为备份链路，政策情况下不参与数据的转发，只有在活动链路产生故障后，备份链路才可生效。

课堂小测试

某校园采用千兆交换机作为汇聚层设备，如图 3－45 所示。前期铺设的线路无法满足数据转发需要，现需通过增加线路的方式提升带宽，使用静态链路聚合技术实现。

设备配置命令如下：

图 3－45

```
[SW1]interface Bridge-Aggregation 1
[SW1]interface GigabitEthernet 1/0/1
[SW1-GigabitEthernet1/0/1]port link-aggregation group 1
[SW1-GigabitEthernet1/0/1]quit
[SW1]interface GigabitEthernet 1/0/2
[SW1-GigabitEthernet1/0/2]port link-aggregation group 1
[SW1]interface Bridge-Aggregation 1
[SW2]interface GigabitEthernet 1/0/1
[SW2-GigabitEthernet1/0/1]port link-aggregation group 1
[SW2-GigabitEthernet1/0/1]quit
[SW2]interface GigabitEthernet 1/0/2
[SW2-GigabitEthernet1/0/2]port link-aggregation group 1
```

配置完成后，可以通过“display link-aggregation verbose”命令查看聚合组情况。命令如下：

```
[SW1]display link-aggregation verbose
Loadsharing Type: Shar -- Loadsharing,Nons -- Non-Loadsharing
Port Status: S -- Selected,U -- Unselected,I -- Individual
Flags: A -- LACPActivity,B -- LACPTimeout,C -- Aggregation,
       D -- Synchronization,E -- Colleting,F -- Distributing,
       G -- Defaulted,H -- Expired

Aggregate Interface: Bridge-Aggregation1
Aggregation Mode: Static
Loadsharing Type: Shar
 Fort          Status  Priority  Oper-Key
 ---------------------------------------------
GE1/0/1        S       32768     1
GE1/0/2        S       32768     1
```

微课视频 6
链路聚合基础配置

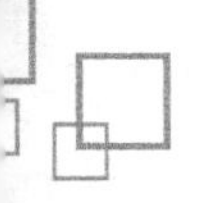

3.4.7 PAP/CHAP 认证

PAP 认证和 CHAP 认证都是针对 PPP 链路的认证方式，只不过认证的方式有所不同，所以安全性方面也有所差异。

PAP 认证是一种简单认证方式，被认证端直接发送认证的用户名和密码给认证的服务器，认证端匹配用户名和密码来决定是否通过认证。这个认证方式并不是一个非常有效的认证方式，因为认证过程中的用户名和密码都是通过简单明文的方式进行传输，无法防止对于用户名和密码的窃听。

课堂小测试

某企业在既有网络上新增了一条串口专线链路。为了保证安全性，需要在该链路上部署 PAP 认证，设备配置过程如下。

1）配置认证端（R1）。命令如下：

```
[R1] local-user userb class network
[R1-luser-network-userb] password simple passb
[R1-luser-network-userb] service-type ppp
[R1-luser-network-userb] quit
[R1] interface serial 2/0
[R1-Serial2/0] link-protocol ppp
[R1-Serial2/0] ppp authentication-mode pap domain system
[R1-Serial2/0] ip address 200.1.1.1 16
[R1-Serial2/0] quit
[R1] domain system
[R1-isp-system] authentication ppp local
```

微课视频 7
PAP 验证配置及相关排错

2）配置被认证端（R2）。命令如下：

```
[R2] interface serial 2/0
[R2-Serial2/0] link-protocol ppp
[R2-Serial2/0] ppp pap local - user userb password simple passb
```

该企业认为 PAP 认证方式不够安全，改为 CHAP 认证，设备配置过程如下。

1）配置认证端（R1）。命令如下：

```
[R1] local-user userb class network
[R1-luser-network-userb] password simple hello
[R1-luser-network-userb] service-type ppp
[R1-luser-network-userb] quit
[R1] interface serial 2/0
[R1-Serial2/0] link-protocol ppp
[R1-Serial2/0] ppp chap user usera
[R1-Serial2/0] ppp authentication-mode chap domain system
```

```
[R1] domain system
[R1-isp-system] authentication ppp local
```

2）配置被认证端（R2）。命令如下：

```
[R2] local-user usera class network
[R2-luser-network-usera] password simple hello
[R2-luser-network-usera] service-type ppp
[R2-luser-network-usera] quit
[R2] interface serial 2/0
[R2-Serial2/0] link-protocol ppp
[R2-Serial2/0] ppp chap user userb
[R2-Serial2/0] ip address 200.1.1.2 16
```

微课视频8
广域网 PPP CHAP 验证配置

注意，在配置完成PPP的认证之后，并不能直接去看PPP链路的协商是否成功。建议配置完成认证之后，重启一下物理端口，让PPP链路重新协商一下。重启完成后，通过“display interface serial”命令查看，如果端口的状态是“LCP opened，IPCP opened”，代表协商成功，PPP认证配置正确。

3.4.8 GRE over IPSec

VPN（Virtual Private Network，虚拟专用网络）的功能是在公用网络上建立专用网络，进行通信加密，在企业网络中应用广泛。VPN网关通过对数据包的加密和数据包目标地址的转换实现远程访问。VPN有多种分类方式，主要是按协议进行分类。它可通过服务器、硬件、软件等多种方式实现。

VPN属于远程访问技术，简单地说就是利用公用网络架设专用网络。例如，某公司员工出差到外地，想访问企业内网的服务器资源，这种访问就属于远程访问。

在企业网络配置中，要进行远程访问，传统的方法是租用DDN（Digital Data Network，数字数据网）专线或帧中继，这样的通信方案必然导致高昂的网络通信和维护费用。对于移动用户（移动办公人员）与远端个人用户而言，一般会通过拨号线路（Internet）进入企业的局域网，但这样必然带来安全上的隐患。

让外地员工访问内网资源，利用VPN的解决方法就是在内网中架设一台VPN服务器。外地员工在当地连上Internet后，通过Internet连接VPN服务器，然后通过VPN服务器进入企业内网。为了保证数据安全，VPN服务器和客户机之间的通信数据都进行了加密处理。有了数据加密，就可以认为数据是在一条专用的数据链路上进行安全传输，就如同专门架设了一个专用网络一样，但实际上VPN使用的是Internet上的公用链路，因此称为虚拟专用网络，其实质上就是利用加密技术在公网上封装出一个数据通信隧道。有了VPN技术，用户无论是在外地出差还是在家中办公，只要能上Internet就能利用VPN访问内网资源。这就是VPN在企业中应用广泛的原因。

VPN技术的种类很多，常见的有以下几种。

1）二层VPN技术：L2TP VPN，MPLS 2层VPN。

2）三层VPN技术：GRE VPN，IPSEC VPN，BGP MPLS VPN。

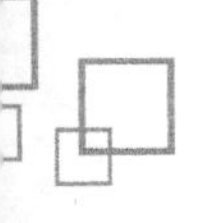

3）基于应用层的 VPN 技术：SSL VPN。

传统的 VPN 技术就是在私网 IP 头前嵌套 IP 公网头，私网报文能够在公网线路中进行路由（MPLS 技术除外，该技术采用标签来进行报文封装和转发）。

VPN 的封装技术如图 3－46 所示。

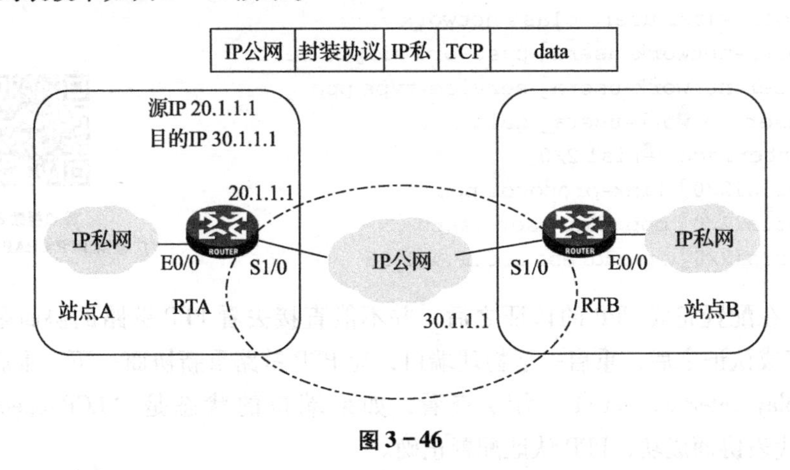

图 3－46

1．GRE VPN

GRE 是对某些网络层协议（如 IP、IPX、AppleTalk 等）的数据报文进行封装，使这些被封装的数据报文能够在另一个网络层协议（如 IP）中传输，这是 GRE 最初的定义。在 RFC 2784 中，GRE 的定义是“X over Y”，X 和 Y 可以是任意的协议。

GRE 利用为隧道指定的实际物理接口完成转发，转发过程如下：

1）所有发往远端 VPN 的原始报文，首先被发送到隧道源端。

2）原始报文在隧道源端进行 GRE 封装，填写隧道建立时确定的隧道源地址和目的地址，然后再通过公共 IP 网络转发到远端 VPN 网络。

微课视频 9
GRE VPN 原理及其相关配置

2．IPSec VPN

因为在 Internet 早期，安全的需求非常少，在 IP 设计之初并没有考虑安全性，因此标准的 IP 是不安全的。随着 Internet 上的商业发展，安全问题日益突出，必须建立新的安全协议标准来满足这种需求，IPSec（IP Security）应运而生。

IPSec 在以下 3 个方面保证网络数据包的安全。

1）机密性：保证数据包的原始内容不被看到。

2）完整性：保证数据包的内容不会被修改。

3）认证性：保证数据来自被信任的客户端。

因此，不可避免地要使用多种加密算法来修改数据包的内容。修改后的数据包有两种主要的封装形式：AH（Authentication Header）和 ESP（Encapsulating Security Payload）。AH 在 IP 数据包中插入了一个包头，其中包含对整个数据包内容的校验值。AH 只用于对 IP 数据包的认证，并不对数据包认证做任何修改。ESP 用户加密整个数据包内容，同时也可以对数据包进行认证。AH 和 ESP 可以同时使用，也可以分开使用。

IPSec 在传输数据的时候有两种不同的模式：传输模式和隧道模式。传输模式主要用于主机到主机之间的直接通信；而隧道模式主要用于主机到网关或网关到网关之间。传输模式和隧道模式主要在数据包封装时有所不同。在传输模式中，只有 IP 包的传输层部分被修改（认证或者加密）。而在隧道模式中，整个数据包包括 IP 头都被加密或认证。

在传输和隧道模式下的数据封装形式见表 3－14，其中 DATA 为原 IP 报文数据。

表 3－14

安全协议 \ 工作模式	传输模式	隧道模式
AH	原 IP 头 | AH | DATA	新 IP 头 | AH | 原 IP 头 | DATA
ESP	原 IP 头 | ESP | DATA | ESP-T	新 IP 头 | ESP | 原 IP 头 | DATA | ESP-T
AH-ESP	原 IP 头 | AH | ESP | DATA | ESP-T	新 IP 头 | AH | ESP | 原 IP 头 | DATA | ESP-T

3．GRE over IPSec

微课视频 10

IPSec VPN 原理及其相关配置

IPSec 不能传输路由协议，例如 RIP 和 OSPF。这样，如果要在 IPSec 构建的 VPN 网络上传输这些数据就必须借助于 GRE 协议，对路由协议报文等进行封装，使其成为 IPSec 可以处理的 IP 报文，这种隧道嵌套方式称为 GRE over IPSec。它的优势见表 3－15。

表 3－15

特　性	GRE 是否支持	IPSec 是否支持	GRE over IPSec 是否支持
支持多协议	是	否	是
虚拟接口	是	否	是
支持组播	是	否	是
对路由协议的支持	是	否	是
对丰富的 IP 协议族的支持	是	支持得不好	是
机密性	否	是	是
完整性	否	是	是
数据源验证	否	是	是

课堂小测试

企业远程办公网络通过 GRE 隧道与企业总部传输数据，如图 3－47 所示。要求：对通过 GRE 隧道的数据进行 IPSec 加密处理。

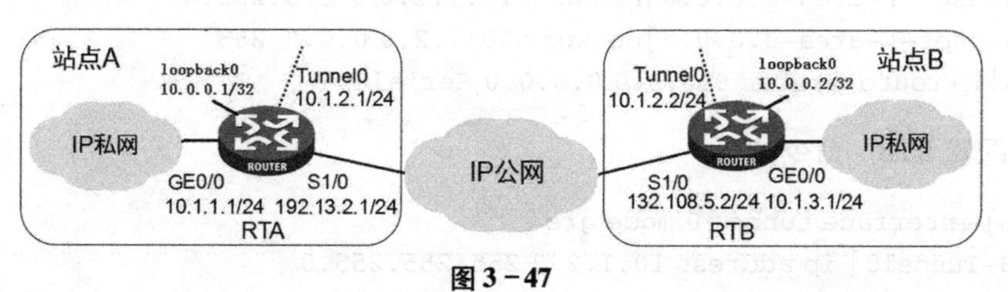

图 3－47

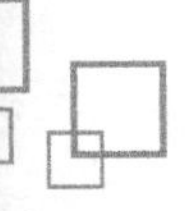

设备配置过程如下。

1）配置 RTA。命令如下：

```
[RTA] interface tunnel 0 mode gre
[RTA-Tunnel0] ip address 10.1.2.1 255.255.255.0
[RTA-Tunnel0] source 10.0.0.1
[RTA-Tunnel0] destination 10.0.0.2
[RTA] acl advanced 3001
[RTA-acl-adv-3001]rule permit ip source 10.0.0.1 0.0.0.0 destination 10.0.0.2 0.0.0.0
[RTA]ike keychain keychain1
[RTA-ike-keychain-keychain1]pre-shared-key address 132.108.5.2 key simple h3c
[RTA-ike-keychain-keychain1]quit
[RTA]ike profile profile1
[RTA-ike-profile-profile1]local-identity address 192.13.2.1
[RTA-ike-profile-profile1]keychain keychain1
[RTA-ike-profile-profile1]match rcmote identity address 132.108.5.2
[RTA-ike-profile-profile1]quit
[RTA]ipsec transform-set tran1
[RTA-ipsec-transform-set-tran1]encapsulation-mode tunnel
[RTA-ipsec-transform-set-tran1]protocol esp
[RTA-ipsec-transform-set-tran1]esp encryption-algorithm des-cbc
[RTA-ipsec-transform-set-tran1]esp authentication-algorithm sha1
[RTA-ipsec-transform-set-tran1]quit
[RTA]ipsec policy policy1 1 isakmp
[RTA-ipsec-policy-isakmp-policy1-1]security acl 3001
[RTA-ipsec-policy-isakmp-policy1-1]transform-set tran1
[RTA-ipsec-policy-isakmp-policy1-1]ike-profile profile1
[RTA-ipsec-policy-isakmp-policy1-1]remote-address 132.108.5.2
[RTA-ipsec-policy-isakmp-policy1-1]quit
[RTA]interface Serial 1/0
[RTA-Serial1/0]ipsec apply policy policy1
[RTA-Serial1/0]quit
[RTA]ospf
[RTA-ospf-1]area 0
[RTA-ospf-1-area-0.0.0.0]network 10.1.1.0 0.0.0.255
[RTA-ospf-1-area-0.0.0.0]network 10.1.2.0 0.0.0.255
[RTA]ip route-static 0.0.0.0 0.0.0.0 Serial 1/0
```

2）配置 RTB。命令如下：

```
[RTB] interface tunnel 0 mode gre
[RTB-Tunnel0] ip address 10.1.2.2 255.255.255.0
[RTB-Tunnel0] source 10.0.0.2
```

```
    [RTB-Tunnel0] destination 10.0.0.1
    [RTB] acl advanced 3001
    [RTB-acl-adv-3001]rule permit ip source 10.0.0.2 0.0.0.0 destination 10.0.0.1 0.0.0.0
    [RTB-acl-adv-3001]quit
    [RTB]ike keychain keychain1
    [RTB-ike-keychain-keychain1]pre-shared-key address 192.13.2.1 key simple h3c
    [RTB-ike-keychain-keychain1]quit
    [RTB]ike profile profile1
    [RTB-ike-profile-profile1]local-identity address 132.108.5.2
    [RTB-ike-profile-profile1]keychain keychain1
    [RTB-ike-profile-profile1]match remote identity address 192.13.2.1
    [RTB-ike-profile-profile1]quit
    [RTB]ipsec transform-set tran1
    [RTB-ipsec-transform-set-tran1]encapsulation-mode tunnel
    [RTB-ipsec-transform-set-tran1]protocol esp
    [RTB-ipsec-transform-set-tran1]esp encryption-algorithm des-cbc
    [RTB-ipsec-transform-set-tran1]esp authentication-algorithm sha1
    [RTB-ipsec-transform-set-tran1]quit
    [RTB]ipsec policy policy1 1 isakmp
    [RTB-ipsec-policy-isakmp-policy1-1]security acl 3001
    [RTB-ipsec-policy-isakmp-policy1-1]transform-set tran1
    [RTB-ipsec-policy-isakmp-policy1-1]ike-profile profile1
    [RTB-ipsec-policy-isakmp-policy1-1]remote-address 192.13.2.1
    [RTB-ipsec-policy-isakmp-policy1-1]quit
    [RTB]interface Serial 1/0
    [RTB-Serial1/0]ipsec apply policy policy1
    [RTB-Serial1/0]quit
    [RTB]ospf
    [RTB-ospf-1]area 0
    [RTB-ospf-1-area-0.0.0.0]network 10.1.2.0 0.0.0.255
    [RTB-ospf-1-area-0.0.0.0]network 10.1.3.0 0.0.0.255
    [RTB]ip route-static 0.0.0.0 0.0.0.0 Serial 1/0
```

微课视频 11
GRE OVER IPSEC VPN 技术原理及其故障排错技巧

注意：RTA 和 RTB 上 loopback0 接口的 IP 地址一定不能在 OSPF 协议中宣告，否则会导致 tunnel 接口 uP/down 现象，从而导致站点 A 和站点 B 之间的业务时通时断。

3.4.9 BFD

网络有的时候充满了陷阱，比如说每个工程师都会面对的问题——网络 ping 不通，于是去查路由，发现路由继续生效，但是因为接口已经没有 IP 地址，所以网络已经不通。还

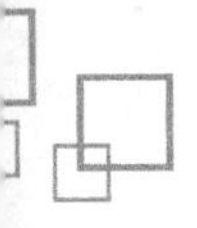

有一种情况，就是双绞线故障，数据传输的1、2、3和6号线缆出现问题，导致设备接口是up的，但是数据传输已经中断，也会导致上述故障现象。此时对于网络工程师而言，这种故障排查起来相当麻烦。因此希望能够有一种机制对线路进行故障检测，一旦发现线路或者接口出现故障，就通知路由已经失效，这样可以快速进行故障检测。BFD（Bidirectional Forwarding Detection，双向转发检测）由此应运而生。

为了保证通信的不间断性，实时、快速的故障检测功能就显得格外重要。但是现有的IP网络中并不具备秒以下的故障检测和修复功能。BFD能够在系统之间的任何类型通道上进行故障检测，这些通道包括直接的物理链路、虚链路、隧道、MPLS、多跳路由通道，以及非直接的通道。正是由于BFD实现故障检测的简单、单一性，使BFD能够专注于转发故障的快速检测，帮助网络良好地进行数据传输。

BFD机制是一套整个网络系统的检测机制，具有检测速度快、占用资源少、通用性强的特点，能够实现端到端的检测，可用于快速检测，监控网络中的链路或者IP路由的转发连通状况的功能。

BFD可以应用于以下场景：

1）OSPF与BFD联动。

2）IS-IS与BFD联动。

3）RIP与BFD联动。

4）静态路由与BFD联动。

5）BGP与BFD联动。

6）MPLS与BFD联动。

7）Track与BFD联动。

8）IP快速重路由。

BFD对在两个路由器之间所建立会话的通道周期性地发送检测报文。如果某个系统在足够长的时间内未收到对端的检测报文，则认为这条道相邻系统的双向通道的某个部分发生了故障。BFD本身并没有收到对端的BFD control报文，则认为发生故障，通知被服务上层协议，上层协议进行相应的处理。

现有的故障检测方法主要包括以下几种：

1）硬件检测。例如，通过SDH（Synchronous Digital Hierarchy，同步数字体系）告警检测链路故障。硬件检测的优点是可以很快发现故障，但并不是所有介质都能提供硬件检测。

2）慢Hello机制。通常采用路由协议中的Hello报文机制，这种机制检测到故障所需的时间为秒级。对于高速数据传输，如吉比特速率级，超过1s的检测时间将导致大量数据丢失；对于时延敏感的业务，如语音业务，超过1s的延迟也是不能接受的。并且，这种机制依赖于路由协议。

3）其他检测机制。不同的协议有时会提供专用的检测机制，但在系统间互连互通时，这样的专用检测机制通常难以部署。

BFD提供了一个通用的、标准化的、与介质无关的以及与协议无关的快速故障检测机制，可以为各上层协议如路由协议、MPLS等统一快速地检测两台路由器间双向转发路径的故障。

BFD在两台路由器或路由交换机上建立会话，用来监测两台路由器间的双向转发路径，为上层协议服务。BFD本身并没有发现机制，而是靠被服务的上层协议通知其该与谁建立会话。会话建立后如果在检测时间内没有收到对端的BFD控制报文则认为发生故障，通知被服务的上层协议，上层协议进行相应的处理。

1. 工作流程

以OSPF为例，BFD会话建立过程（图3-48）如下：

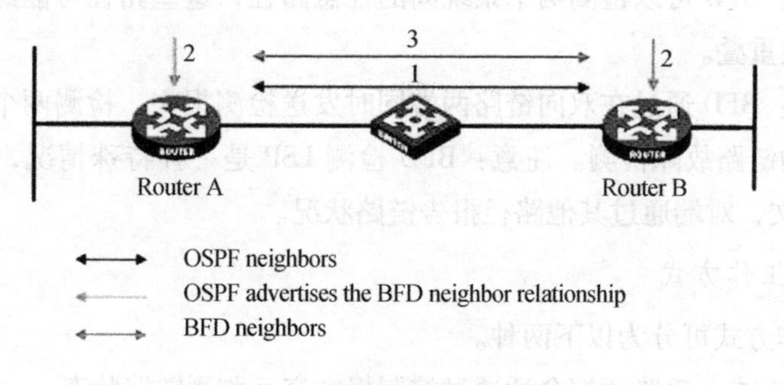

图3-48

1）上层协议通过自己的Hello机制发现邻居并建立连接。

2）上层协议在建立了新的邻居关系时，将邻居的参数及检测参数（包括目的地址和源地址等）都通告给BFD。

3）BFD根据收到的参数进行计算并建立邻居。

以OSPF为例，当网络出现故障时，处理流程（图3-49）如下：

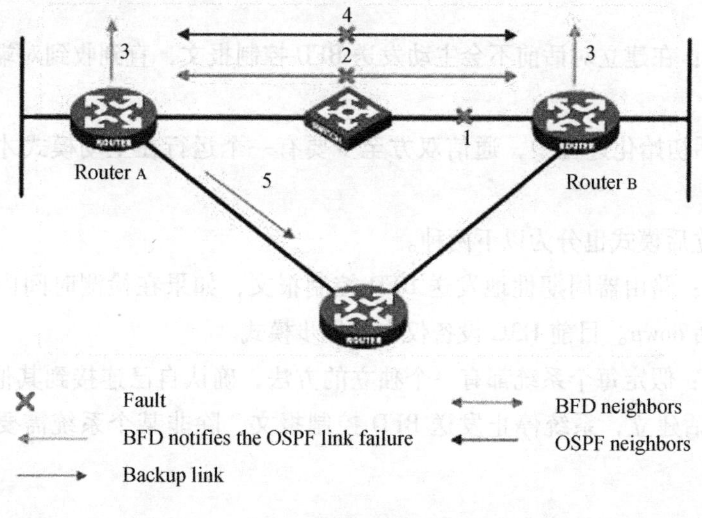

图3-49

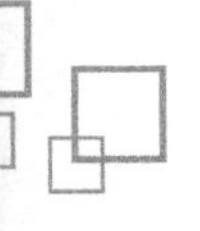

1）BFD检测到链路/网络故障。

2）拆除BFD邻居会话。

3）BFD通知本地上层协议进程BFD邻居不可达。

4）本地上层协议中止上层协议邻居关系。

5）如果网络中存在备用路径，路由器将选择备用路径。

2. 检测方式

1）单跳检测：BFD单跳检测是指对两个直连系统进行IP连通性检测，这里所说的“单跳”是IP的一跳。

2）多跳检测：BFD可以检测两个系统间的任意路径，这些路径可能跨越很多跳，也可能在某些部分发生重叠。

3）双向检测：BFD通过在双向链路两端同时发送检测报文，检测两个方向上的链路状态，实现毫秒级的链路故障检测。注意：BFD检测LSP是一种特殊情况，只需在一个方向发送BFD控制报文，对端通过其他路径报告链路状况。

3. BFD会话工作方式

BFD会话工作方式可分为以下两种。

1）控制报文方式：链路两端会话通过控制报文交互监测链路状态。

2）Echo报文方式：链路某一端通过发送Echo报文由另一端转发回来，实现对链路的双向监测。

4. 运行模式

BFD会话建立前模式分为以下两种。

1）主动模式：在建立对话前不管是否收到对端发来的BFD控制报文，都会主动发送BFD控制报文。

2）被动模式：在建立对话前不会主动发送BFD控制报文，直到收到对端发送来的控制报文。

注意：在会话初始化过程中，通信双方至少要有一个运行在主动模式才能成功建立起会话。

BFD会话建立后模式也分为以下两种。

1）异步模式：路由器周期性地发送BFD控制报文，如果在检测时间内没有收到BFD控制报文则将会话down。目前H3C设备仅支持异步模式。

2）查询模式：假定每个系统都有一个独立的方法，确认自己连接到其他系统，这样只要有一个BFD会话建立，系统停止发送BFD控制报文，除非某个系统需要显式地验证连接性。

课堂小测试

一、配置 BFD 单跳检测

BFD 单跳检测是一种不依赖于 BFD 控制报文的故障检测方法，是在链路某一端的路由器上发送 echo 报文，由另一端路由器返回应答报文来实现对链路的双向检测。但是注意，BFD echo 报文是在本端路由器发送，最终又在本段路由器接收，远端路由器不对报文进行处理，只是将此报文在反向通道上返回。如果某个路由器没有收到由对端路由器返回的 echo 报文，则会关闭设备之间的会话。BFD 协议并没有对 BFD echo 报文的格式进行定义，唯一要求的是发送方能够通过报文的内容区分会话。

BFD 的 echo 报文封装在 UDP 上，目的端口号为 3785，目的 IP 地址为本端路由器的发送接口 IP 地址，以使对端路由器能够把报文沿原路回送。源 IP 地址的选择标准是不会导致对端发送 ICMP 重定向报文（也就是 echo 报文的源 IP 地址不要与该包返回到的下一跳 IP 地址属于同一个网段，即不属于该路由器上任一个接口所属网段的 IP 地址）。

如图 3－50 所示，通过 BFD echo 报文（echo 报文的目的地址为本路由器的出接口 IP 地址）建立会话，发送给下一跳路由器后，不经过任何处理再直接转发回本路由器（其实就是单跳检测只能检测与下一个直连路由器之间的链路故障）。

图 3－50

实验设备和器材见表 3－16。

表 3－16

名称和型号	版　本	数　量
MSR36-20	H3C Comware Software, Version 7. 1. 059, Alpha 7159	2

IP 地址配置见表 3－17。

表 3－17

设备名称	接　口	IP 地址
MSR36-20_1	GE_0/0	10. 1. 1. 1/24
MSR36-20_2	GE_0/0	10. 1. 1. 2/24
	loopback1	192. 168. 1. 1/32

配置静态路由与 BFD 联动的单跳检测，使得 MSR36-20_1 到 MSR36-20_2 上的静态路由随着两台路由器之间物理线路的状态进行故障检测。

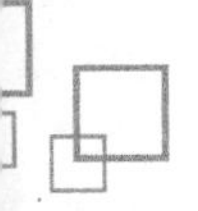

实验配置如下：

[MSR36-20_1]interface GigabitEthernet 0/0

[MSR36-20_1-GigabitEthernet0/0]ip address 10.1.1.1 24

[MSR36-20_1-GigabitEthernet0/0]quit

[MSR36-20_1]bfd echo-source-ip 1.1.1.1 //配置 echo 报文源地址

[MSR36-20_1]ip route-static 192.168.1.1 32 GigabitEthernet 0/0 10.1.1.2 bfd echo-packet //启用静态路由与 BFD 单跳检测功能

[MSR36-20_1]interface GigabitEthernet 0/0

[MSR36-20_1-GigabitEthernet0/0]bfd min-receive-interval 100 //此命令用来配置接收 echo 报文的最小时间间隔，参数值用来指定接收 echo 报文的最小时间间隔。使用本命令，设备能够控制接收两个 echo 报文之间的时间间隔，即 echo 报文实际发送时间间隔。本命令仅适用于 echo 报文方式的 BFD 联动。默认情况下，接收 echo 报文的最小时间间隔为 1000ms。

[MSR36-20_1-GigabitEthernet0/0]bfd detect-multiplier 3 //单跳 BFD 检测时间倍数为 3。bfd detect-multiplier 接口视图命令用来配置单跳 BFD 检测时间倍数。参数值用来指定单跳 BFD 检测时间的倍数，取值范围为 3～50。检测时间倍数即允许发送方发送 BFD 报文的最大连续丢包数。对于 echo 报文方式，实际检测时间为发送方的检测时间倍数和发送方的实际发送时间的乘积；对于 control 报文发送的异步模式，实际检测时间为接收方的检测时间倍数和发送方的实际发送时间的乘积。默认情况下，单跳 BFD 检测时间倍数为 5

[MSR36-20_1-GigabitEthernet0/0]quit

[MSR36-20_1]

配置成功后，查看 IP 路由表，发现线路完好，静态路由在路由器的路由表中。

```
[MSR36-20_1]display ip routing-table

Destinations : 13        Routes : 13

Destination/Mask    Proto   Pre  Cost        NextHop         Interface
0.0.0.0/32          Direct  0    0           127.0.0.1       InLoop0
10.1.1.0/24         Direct  0    0           10.1.1.1        GE0/0
10.1.1.0/32         Direct  0    0           10.1.1.1        GE0/0
10.1.1.1/32         Direct  0    0           127.0.0.1       InLoop0
10.1.1.255/32       Direct  0    0           10.1.1.1        GE0/0
127.0.0.0/8         Direct  0    0           127.0.0.1       InLoop0
127.0.0.0/32        Direct  0    0           127.0.0.1       InLoop0
127.0.0.1/32        Direct  0    0           127.0.0.1       InLoop0
127.255.255.255/32  Direct  0    0           127.0.0.1       InLoop0
192.168.1.1/32      Static  60   0           10.1.1.2        GE0/0
224.0.0.0/4         Direct  0    0           0.0.0.0         NULL0
```

查看 BFD 会话，发现 BFD 的会话状态为 up 状态。

```
[MSR36-20_1]display  bfd  session
 Total Session Num: 1      Up Session Num: 1     Init Mode: Active

 IPv4 Session Working Under Echo Mode:

 LD          SourceAddr       DestAddr       State    Holdtime    Interface
 1537        10.1.1.1         10.1.1.2       Up       2797ms      GE0/0
```

此时如果把 MSR36-20_2 的 GE_0/0 接口上输入 undo ip address，观察 MSR36-20_1 的设备变化。

```
[MSR36-20_1]%Nov  1 15:10:09:435 2015 MSR36-20_1 BFD/5/BFD_CHANGE_FSM: Sess[10.1.1.1
/10.1.1.2, LD/RD:1537/1537, Interface:GE0/0, SessType:Echo, LinkType:INET], Ver:1, S
ta: UP->DOWN, Diag: 1
```

进一步查看 BFD 会话。

```
[MSR36-20_1]display  bfd session
 Total Session Num: 1    Up Session Num: 0    Init Mode: Active

 IPv4 Session Working Under Echo Mode:

 LD              SourceAddr        DestAddr          State    Holdtime     Interface
 1537            10.1.1.1          10.1.1.2          Down        /         GE0/0
```

此时再观察 MSR36-20_1 的静态路由发现，静态路由已经不在路由器的路由表中了。

```
[MSR36-20_1]display ip routing-table

Destinations : 12        Routes : 12

Destination/Mask     Proto    Pre Cost         NextHop         Interface
0.0.0.0/32           Direct   0   0            127.0.0.1       InLoop0
10.1.1.0/24          Direct   0   0            10.1.1.1        GE0/0
10.1.1.0/32          Direct   0   0            10.1.1.1        GE0/0
10.1.1.1/32          Direct   0   0            127.0.0.1       InLoop0
10.1.1.255/32        Direct   0   0            10.1.1.1        GE0/0
127.0.0.0/8          Direct   0   0            127.0.0.1       InLoop0
127.0.0.0/32         Direct   0   0            127.0.0.1       InLoop0
127.0.0.1/32         Direct   0   0            127.0.0.1       InLoop0
127.255.255.255/32   Direct   0   0            127.0.0.1       InLoop0
224.0.0.0/4          Direct   0   0            0.0.0.0         NULL0
224.0.0.0/24         Direct   0   0            0.0.0.0         NULL0
255.255.255.255/32   Direct   0   0            127.0.0.1       InLoop0
[MSR36-20_1]
```

思考题：在使用 BFD 的过程中，有时发现 BFD 配置好之后一直无法生效，状态一直都是 down，试分析原因。

微课视频 12

静态路由与 BFD 技术原理及配置

解析：通过在路由器设备输入 debug 命令发现，BFD 的 echo 报文周期性发送时，报文的源 IP 是1.1.1.1，目的 IP 是10.1.1.1。

```
<H3C>terminal debugging
<H3C>debugging bfd packet
<H3C>*Nov  1 16:09:21:334 2015 H3C BFD/7/DEBUG: [K]L3 Send:Echo packet, Src:1.1.1.1,
 Dst:10.1.1.1, Ver:1, Diag:0, Sta:3 P/F/C/A/D/M:0/0/1/0/0/0, Mult:3 LD/RD:1537/1537,
 Tx:1000ms, Rx:1000ms, EchoRx:1000ms ErrCode:0.
*Nov  1 16:09:21:334 2015 H3C BFD/7/DEBUG: [K]Recv:Echo packet, Src:1.1.1.1, Dst:10.
1.1.1, Ver:1, Diag:0, Sta:3 P/F/C/A/D/M:0/0/1/0/0/0, Mult:3 LD/RD:1537/1537, Tx:1000
ms, Rx:1000ms, EchoRx:1000ms
*Nov  1 16:09:22:133 2015 H3C BFD/7/DEBUG: [K]L3 Send:Echo packet, Src:1.1.1.1, Dst:
10.1.1.1, Ver:1, Diag:0, Sta:3 P/F/C/A/D/M:0/0/1/0/0/0, Mult:3 LD/RD:1537/1537, Tx:1
000ms, Rx:1000ms, EchoRx:1000ms ErrCode:0.
*Nov  1 16:09:22:134 2015 H3C BFD/7/DEBUG: [K]Recv:Echo packet, Src:1.1.1.1, Dst:10.
1.1.1, Ver:1, Diag:0, Sta:3 P/F/C/A/D/M:0/0/1/0/0/0, Mult:3 LD/RD:1537/1537, Tx:1000
ms, Rx:1000ms, EchoRx:1000ms
```

根据这些信息，通过查看路由器设备的配置，发现有一条 acl 的规则跟 BFD 的源和目的地址匹配，如以下配置所示：

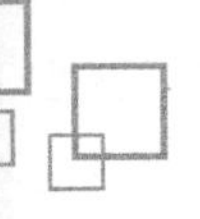

[H3C]acl advanced 3000

[H3C-acl-ipv4-adv-3000]rule deny ip source 1.1.1.1 0.0.0.0 destination 10.1.1.1 0.0.0.0 //对源地址是1.1.1.1/32,目的地址是10.1.1.1/32 的报文 deny 掉

[H3C-acl-ipv4-adv-3000]quit

[H3C]interface GigabitEthernet 0/0

[H3C-GigabitEthernet0/0]packet-filter 3000 outbound //在 GE 0/0 的出接口上让包过滤防火墙功能生效。V7 版本的包过滤防火墙默认开启,并且默认动作是允许所有数据流通过

[H3C-GigabitEthernet0/0]quit

这时发现，正是因为配置了包过滤防火墙功能，导致 BFD 的状态从 up 变成了 down。

```
[H3C-GigabitEthernet0/0]quit
[H3C]%Nov  1 16:14:27:981 2015 H3C BFD/5/BFD_CHANGE_FSM: Sess[10.1.1.1/10.1.1.2, LD/
RD:1537/1537, Interface:GE0/0, SessType:Echo, LinkType:INET], Ver:1, Sta: UP->DOWN,
Diag: 1
```

同时输入“display bfd session”命令，发现 BFD 的状态变成 down。

```
<H3C>display  bfd session
 Total Session Num: 1     Up Session Num: 0     Init Mode: Active

 IPv4 Session Working Under Echo Mode:

 LD              SourceAddr      DestAddr       State    Holdtime    Interface
 1537            10.1.1.1        10.1.1.2       Down        /        GE0/0
```

此时再输入“debug”命令，发现 BFD 报文还是在发送，但是对方邻居路由器已经收不到 BFD 的报文。

```
<H3C>terminal debugging
<H3C>debugging bfd packet
<H3C>*Nov  1 16:18:01:015 2015 H3C BFD/7/DEBUG: Send:Echo packet, Src:1.1.1.1, Dst:1
0.1.1.1, Ver:1, Diag:1, Sta:1 P/F/C/A/D/M:0/0/1/0/0/0, Mult:3 LD/RD:1537/1537, Tx:10
00ms, Rx:1000ms, EchoRx:1000ms
*Nov  1 16:18:02:015 2015 H3C BFD/7/DEBUG: Send:Echo packet, Src:1.1.1.1, Dst:10.1.1
.1, Ver:1, Diag:1, Sta:1 P/F/C/A/D/M:0/0/1/0/0/0, Mult:3 LD/RD:1537/1537, Tx:1000ms,
 Rx:1000ms, EchoRx:1000ms
*Nov  1 16:18:03:015 2015 H3C BFD/7/DEBUG: Send:Echo packet, Src:1.1.1.1, Dst:10.1.1
.1, Ver:1, Diag:1, Sta:1 P/F/C/A/D/M:0/0/1/0/0/0, Mult:3 LD/RD:1537/1537, Tx:1000ms,
 Rx:1000ms, EchoRx:1000ms
*Nov  1 16:18:04:015 2015 H3C BFD/7/DEBUG: Send:Echo packet, Src:1.1.1.1, Dst:10.1.1
.1, Ver:1, Diag:1, Sta:1 P/F/C/A/D/M:0/0/1/0/0/0, Mult:3 LD/RD:1537/1537, Tx:1000ms,
```

二、多路径的 BFD 机制

BFD 机制对于多路径网络显得更加重要。

如图 3－51 所示的网络环境，Host_1 和 Host_2 可以通过 MSR36-20_1—MSR36-20_2 的路线和 MSR36-20_1—MSR36-20_3—MSR36-20_2 的路线。主链路是 Host_1 通过 MSR36-20_1 到达 Host_2 及 MSR36-20_1—MSR36-20_2 的路线，一旦主链路线路或者接口出现故障，能够快速切换到备份路线。这时推荐采用 BFD 的双向检测机制。

BFD双向检测机制是通过control报文方式进行的。当静态路由使用BFD control报文方式时，对端也必须存在对应的BFD会话。双向检测可以检测两个方向上的链路状态，实现毫秒级别的链路故障检测。BFD的control与单跳检测的唯一不同的是不需要配置BFD报文源IP地址，因为不再使用单跳检测所使用的BFD echo报文，而是使用control报文。

BFD的配置如图3-51所示。

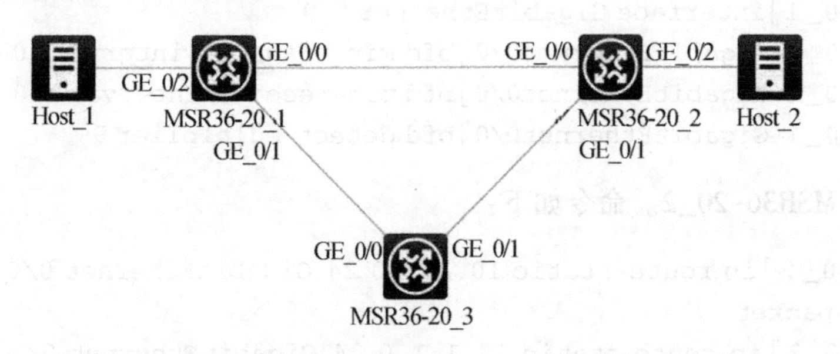

图3-51

本实验所需主要设备见表3-18。

表3-18

名称和型号	版　本	数　量
MSR36-20	H3C Comware Software, Version 7.1.059, Alpha 7159	3
PC	Windows 7 Service Pack 1	2
5类UTP以太网连接线		5

IP地址配置见表3-19。

表3-19

设备名称	接　口	IP地址
PC1		10.1.1.2/24
PC2		20.1.1.2/24
MSR36-20_1	GE_0/0	192.168.1.1/24
	GE_0/1	192.168.2.1/24
	GE_0/2	10.1.1.1/24
MSR36-20_2	GE_0/0	192.168.1.2/24
	GE_0/1	192.168.3.1/24
	GE_0/2	20.1.1.1/24
MSR36-20_3	GE_0/0	192.168.2.2/24
	GE_0/1	192.168.3.2/24

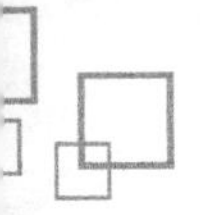

设备配置过程如下（接口 IP 地址配置略）。

1）配置 MSR36-20_1。命令如下：

```
[MSR36-20_1]ip route-static 20.1.1.0 24 GigabitEthernet 0/0 192.168.1.2 bfd control-packet
[MSR36-20_1]ip route-static 20.1.1.0 24 GigabitEthernet 0/1 192.168.2.2 preference 70
[MSR36-20_1]interface GigabitEthernet 0/0
[MSR36-20_1-GigabitEthernet0/0]bfd min-transmit-interval 100
[MSR36-20_1-GigabitEthernet0/0]bfd min-receive-interval 100
[MSR36-20_1-GigabitEthernet0/0]bfd detect-multiplier 9
```

2）配置 MSR36-20_2。命令如下：

[MSR36-20_2]ip route-static 10.1.1.0 24 GigabitEthernet 0/0 192.168.1.1 bfd control-packet

[MSR36-20_2]ip route-static 10.1.1.0 24 GigabitEthernet 0/1 192.168.3.2 preference 70

[MSR36-20_2-GigabitEthernet0/0]bfd min-receive-interval 100 //命令解释同上

[MSR36-20_2-GigabitEthernet0/0]bfd min-transmit-interval 100 //配置接口接收 BFD echo 报文的最小时间间隔为100ms,本命令主要是为了保证发送 BFD control 报文的速度不超过设备发送报文的能力。本地实际发送 BFD control 报文的时间间隔为本地接口下配置的发送 BFD control 报文的最小时间间隔和对端接收 BFD control 报文的最小时间间隔的最大值。默认 BFD 发送单跳 control 报文的最小时间间隔为1000ms

[MSR36-20_2-GigabitEthernet0/0]bfd detect-multiplier 3 //命令解释同上

3）配置 MSR36-20_3。命令如下：

```
[MSR36-20_3]ip route-static 10.1.1.0 24 192.168.2.1
[MSR36-20_3]ip route-static 20.1.1.0 24 192.168.3.1
```

实验配置好之后，执行“display ip routing - table”命令查看路由表。

```
[MSR36-20_1]display ip routing-table

Destinations : 21        Routes : 21

Destination/Mask    Proto   Pre Cost      NextHop         Interface
0.0.0.0/32          Direct  0   0         127.0.0.1       InLoop0
10.1.1.0/24         Direct  0   0         10.1.1.1        GE0/2
10.1.1.0/32         Direct  0   0         10.1.1.1        GE0/2
10.1.1.1/32         Direct  0   0         127.0.0.1       InLoop0
10.1.1.255/32       Direct  0   0         10.1.1.1        GE0/2
20.1.1.0/24         Static  60  0         192.168.1.2     GE0/0
127.0.0.0/8         Direct  0   0         127.0.0.1       InLoop0
127.0.0.0/32        Direct  0   0         127.0.0.1       InLoop0
```

配置好之后发现因为静态路由的默认优先级是 60，优先级数值越小越优，所以配置了 BFD 的静态路由生效。

输入“display bfd session”命令观察发现BFD的会话状态为up，表示能够正常生效。

```
[MSR36-20_1]display  bfd session
 Total Session Num: 1     Up Session Num: 1     Init Mode: Active

 IPv4 Session Working Under Ctrl Mode:

 LD/RD          SourceAddr      DestAddr       State   Holdtime   Interface
 1537/1537      192.168.1.1     192.168.1.2    Up      229ms      GE0/0
```

在PC上ping目的地址发现host_1能够ping通host_2。

```
C:\Users\zhaohai>ping -S 10.1.1.2 20.1.1.2 -t

正在 Ping 20.1.1.2 从 10.1.1.2 具有 32 字节的数据:
来自 20.1.1.2 的回复: 字节=32 时间=1ms TTL=62
来自 20.1.1.2 的回复: 字节=32 时间=1ms TTL=62
来自 20.1.1.2 的回复: 字节=32 时间=1ms TTL=62
来自 20.1.1.2 的回复: 字节=32 时间=2ms TTL=62
来自 20.1.1.2 的回复: 字节=32 时间=1ms TTL=62
来自 20.1.1.2 的回复: 字节=32 时间=1ms TTL=62
来自 20.1.1.2 的回复: 字节=32 时间=1ms TTL=62
来自 20.1.1.2 的回复: 字节=32 时间=1ms TTL=62
```

这时如果在host_2的GE_0/0接口上输入“undo ip address”命令，可以用来模拟接口线路的故障。此时会发现：

```
[MSR36-20_2]interface GigabitEthernet 0/0
[MSR36-20_2-GigabitEthernet0/0]undo ip address
```

发现MSR36-20_1的BFD会话出现down的状态。

```
[MSR36-20_1]display  bfd session
 Total Session Num: 1     Up Session Num: 0     Init Mode: Passive

 IPv4 Session Working Under Ctrl Mode:

 LD/RD        SourceAddr     DestAddr       State   Holdtime   Interface
 1537/0       192.168.1.1    192.168.1.2    Down    /          GE0/0
[MSR36-20_1]
```

同时查看IP路由表，发现原先配置了BFD的静态路由失效，取而代之的是优先级70的静态路由。

```
[MSR36-20_1]display ip routing-table

Destinations : 21       Routes : 21

Destination/Mask    Proto   Pre Cost        NextHop         Interface
0.0.0.0/32          Direct  0   0           127.0.0.1       InLoop0
10.1.1.0/24         Direct  0   0           10.1.1.1        GE0/2
10.1.1.0/32         Direct  0   0           10.1.1.1        GE0/2
10.1.1.1/32         Direct  0   0           127.0.0.1       InLoop0
10.1.1.255/32       Direct  0   0           10.1.1.1        GE0/2
20.1.1.0/24         Static  70  0           192.168.2.2     GE0/1
127.0.0.0/8         Direct  0   0           127.0.0.1       InLoop0
```

留意观察现象，发现主线路和备份线路切换的过程中，不会造成PC数据包丢包的情况。

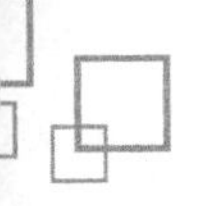


```
C:\Users\zhaohai>ping -S 10.1.1.2 20.1.1.2 -t

正在 Ping 20.1.1.2 从 10.1.1.2 具有 32 字节的数据:
来自 20.1.1.2 的回复: 字节=32 时间=1ms TTL=61
来自 20.1.1.2 的回复: 字节=32 时间=2ms TTL=61
来自 20.1.1.2 的回复: 字节=32 时间=1ms TTL=61
来自 20.1.1.2 的回复: 字节=32 时间=1ms TTL=61
来自 20.1.1.2 的回复: 字节=32 时间=2ms TTL=61
来自 20.1.1.2 的回复: 字节=32 时间=2ms TTL=61
来自 20.1.1.2 的回复: 字节=32 时间=2ms TTL=61
来自 20.1.1.2 的回复: 字节=32 时间=1ms TTL=61
来自 20.1.1.2 的回复: 字节=32 时间=2ms TTL=61
来自 20.1.1.2 的回复: 字节=32 时间=1ms TTL=62
来自 20.1.1.2 的回复: 字节=32 时间=1ms TTL=62
```

最后BFD默认工作在主动模式，采用BFD control报文收发功能时，需要双方至少有一方工作在主动模式，才能建立起BFD会话。如果双方都工作在被动方式，会造成一开始建立BFD会话时，不能建立BFD会话的情况。如把MSR36-20_1和MSR36-20_2的BFD会话模式都改成被动模式，命令如下：

[MSR36-20_1]bfd session init-mode passive //bfd session init-mode {active | passive}系统视图命令用来配置BFD会话建立前的运行模式。本命令仅适用于control报文方式的BFD联动

上述命令中的两个二选一选项说明如下。

1）active：指定采用主动模式建立会话。在主动模式下，BFD在接口启用后，就主动向会话的对端发送BFD control报文。

2）passive：指定采用被动模式建立会话。在被动模式下，BFD不会主动向会话的对端发送control报文，只有收到BFD control报文之后，才会向对端发送BFD control报文。

默认情况下，BFD会话建立前的会话模式为主动模式。

[MSR36-20_2]bfd session init-mode passive

此时把MSR36-20_2原来没有配置IP地址的GE_0/0接口重新配置IP地址，发现BFD的会话不能正常建立。

```
[MSR36-20_1]display  bfd session
 Total Session Num: 1     Up Session Num: 0     Init Mode: Passive

 IPv4 Session Working Under Ctrl Mode:

 LD/RD          SourceAddr     DestAddr      State   Holdtime    Interface
 1537/0         192.168.1.1    192.168.1.2   Down       /        GE0/0
```

此时把双方路由器中的任意一方改成主动方式，会话建立正常。

```
[MSR36-20_1]bfd session init-mode active
[MSR36-20_1]%Nov  2 15:05:18:640 2015 MSR36-20_1 BFD/5/BFD_CHANGE_FSM: Sess[192.168.1.1/192.
168.7/1537, Interface:GE0/0, SessType:Ctrl, LinkType:INET], Ver:1, Sta: DOWN->UP, Diag: 0
```

输入“display bfd session”命令，可以看到通过 BFD 进行线路的包活，防止物理线路出现故障，不能检测到静态路由，还处在 active 状态。

```
[H3C]display  bfd session
 Total Session Num: 1      Up Session Num: 1      Init Mode: Active

 IPv4 Session Working Under Ctrl Mode:

 LD/RD          SourceAddr        DestAddr         State    Holdtime    Interface
 97/1537        10.1.4.1          10.1.4.2         Up       1949ms      Vlan40
```

思考题：请尝试配置图 3－52 所示小型企业网络模型中的设备 S5820V2-54QS-GE_2 和 MSR36。

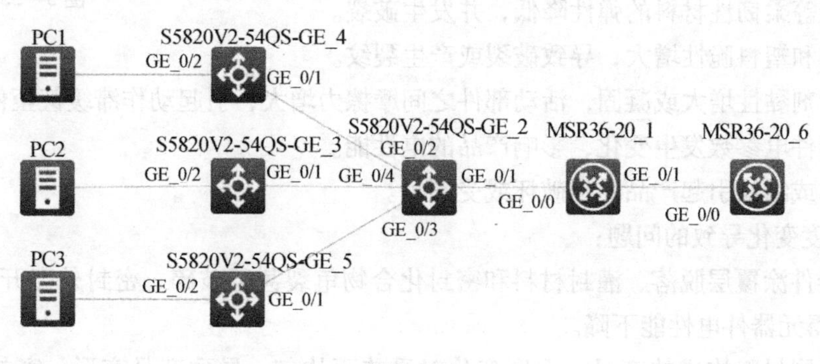

图 3－52

3.5 现场工程勘测

现场工程勘测在一个工程中的地位至关重要。前期的勘测可以为后期工程施工提供重要的数据和详细的参考信息，可以尽可能地避免在实际工程实施过程中碰到的突发情况，减少一些不必要的浪费，提高效率。当完成勘测后需要提交一份准确、详尽、高价值的工勘报告，这是为正确发货提供重要依据，保证工程质量，同时，勘测工程师也要向客户提出建设性的改进建议和措施，并积极、有效地跟踪、配合客户作好工前准备工作。

3.5.1 安装环境

工程勘测的第一关注点就是安装环境。在实际安装时，需要考虑安装环境的温度是否适宜、湿度和清洁度是否符合标准，检查电源、电源线等硬件设备。

1. 温度考察

安装环境中的第一考察要素就是温度。温度过高或者过低都会造成不可挽回的后果，一般情况下设备工作环境和设备存储环境的温度推荐在 20～24℃之间，勘测方式可以使用温度计（图 3－53）测量。

图 3－53

（1）高温可能导致的问题：

1）各种材料的膨胀系数不同，导致材料之间的黏结和迁移。

2）高温会导致润滑剂流失或润滑性能降低，增加活动部件之间的磨损。

3）密封填料、垫圈、封口、轴承和旋转轴等的变形。

4）易燃或易爆材料引起燃烧或爆炸。

5）有机材料老化、变色、起泡、破裂或产生裂纹。

（2）低温可能导致的问题：

1）橡胶等柔韧性材料的弹性降低，并发生破裂。

2）金属和塑料脆性增大，导致破裂或产生裂纹。

3）润滑剂黏性增大或凝固，活动部件之间摩擦力增大，引起动作滞缓甚至停工。

4）元器件电参数发生变化，影响产品的电性能。

5）结冰或结霜引起产品结构破坏或受潮等。

（3）温度变化导致的问题：

1）元器件涂覆层脱落、灌封材料和密封化合物龟裂甚至破碎、密封外壳开裂、填充料泄漏等，使得元器件电性能下降。

2）由不同材料构成的产品，温度变化时受热不均匀，导致产品变形、密封产品开裂、玻璃或玻璃器皿和光学仪器等破碎。

3）较大的温差，使得产品在低温时表面产生凝露或结霜，在高温时蒸发或融化，如此反复作用的结果导致和加速了产品的腐蚀。

2. 湿度考察

安装环境的湿度是要考虑的第二因素。推荐的工作环境湿度为 40% ~60%。勘测方式可以采用湿度计。

过度潮湿导致的问题如下：

1）潮湿环境可以引起材料的机械性能和化学性能的变化，如体积膨胀、机械强度降低等。

2）由于吸潮，密封产品的密封性能降低或遭破坏，产品表面涂敷层剥落，产品标记模糊不清。

3）由于凝露和吸附作用，绝缘材料的表面绝缘电阻下降。

4）由于水分的吸收和扩散作用，绝缘材料的体积电阻下降，从而产生漏电。对于整机设备，将会导致灵敏度降低、频率漂移等。

3. 清洁度考察

安装环境的第三个考察因素是清洁度。对于清洁度要求每立方米灰尘粒子数应≤30000。实际工程中一般使用目测的方式去勘测，将整个安装环境关闭 3 天，然后手摸桌面上是否有灰尘，如果没有，则清洁度过关。

4. 电源和电源线的考察

勘测的第四个考察因素是电源和电源线。首先要考察机房是否满足设备供电要求（设备功率按照最大输出功率计算），然后将供电插排放到相关安装位置。因为部分设备使用16A 电源线和插头，无法插入10A 的插排，所以要根据设备类型，确定是否需要准备16A 插排或转接器。这类的勘测可以借用万用表（图3－54）和目测完成。

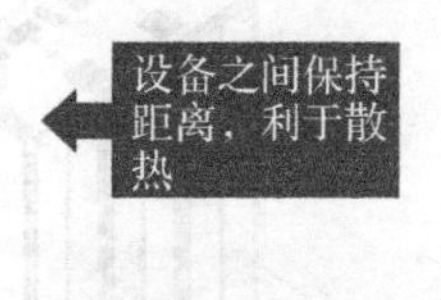

图3－54

3.5.2 安装条件

工程勘测的第二关注点就是安装条件。实地考察时，还需要关注安装位置和空间、机柜、地板承重等因素。

1）安装位置和空间：利用皮尺或者目测的方式确保设备的安装位置空间足够大，确保设备安装后上下、前后、左右至少保留10cm 的散热空间（图3－55）。

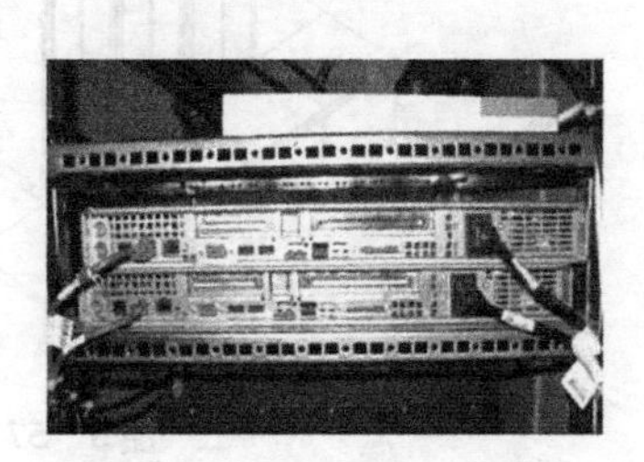

图3－55

2）机柜：确认机柜空间是否足够，机柜中的托盘或滑道数量是否满足要求。

对于低端交换机而言，深度小于300mm 的采用前挂耳安装；深度大于300m 的交换机要求安装前挂耳和后挂耳；尺寸很大的设备安装托盘或者滑道，如图3－56 所示。

3）承重：询问客户机房地板的承重量是否达到要求。一般情况下，机房地板每平方米承重≥450kg，部分设备的要求更高。一定要提前询问好。

4）抗干扰：注意设备安装位置应远离一些产生强电磁干扰的设备，比如电梯、大功率中央空调等。

5）电梯载重量和净高：如果在设备运输的过程中需要用到电梯，则需要确认电梯承重量是否满足设备要求，以及电梯、过道的净高是否满足设备要求。

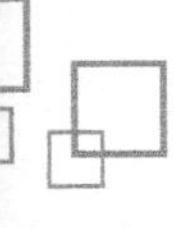

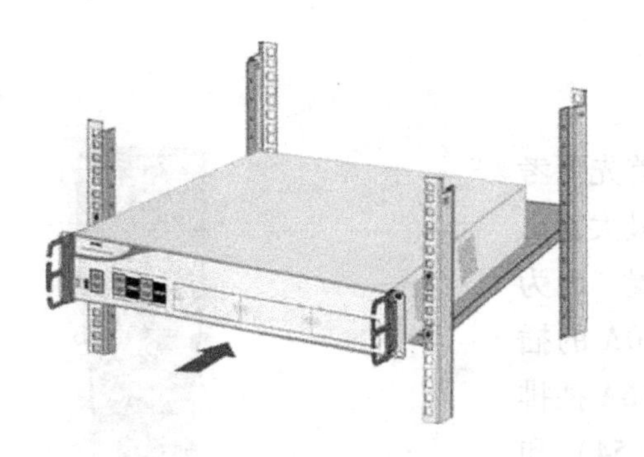

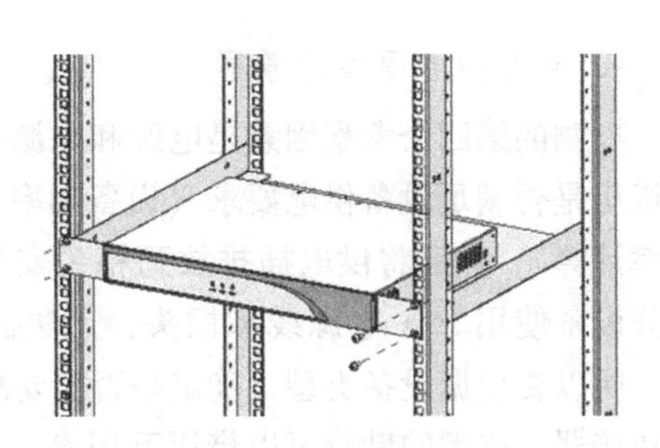

图 3-56

6）建筑物防雷：提前和相关人员确认建筑物是否采取了防雷措施。设备需要做到良好的接地（图 3-57）。设备遭遇雷击会造成设备损坏，严重时可以击穿多台设备，良好的接地可以保证在雷电发生时，设备正常运行。

设备接地可以采用以下 3 种方式。

①机柜接地方式（图 3-58）：设备可以通过连接到机柜的接地端子达到接地的目的，此时应确认机柜已良好接地。

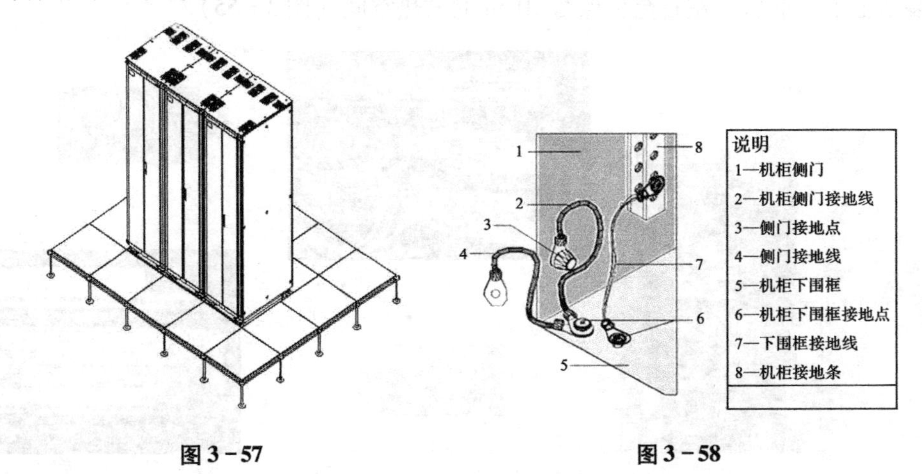

图 3-57　　图 3-58

②接地地排接地方式（图 3-59）：当设备的安装环境中有接地排时，接地线的另一端可以直接连接到接地排上。

③埋设接地体接地方式（图 3-60）：当设备附近有泥地并且允许埋设接地体时，可以采用长度不小于 0.5m 的角钢或钢管，直接打入地下完成接地。此时，设备的黄绿双色保护接地电缆应和角钢（或钢管）采用电焊连接，焊接点应进行防腐处理。

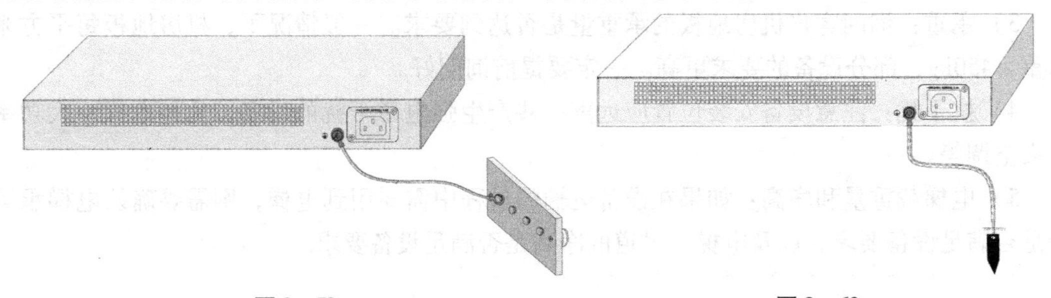

图 3-59　　图 3-60

第4章 工程实施

在学习了网络工程的前期准备后，接下来就要按照设计的网络方案来进行工程的实施。

4.1 到货验收

4.1.1 开箱准备

开箱准备预计着工程项目的开始，所有项目有关人员即客户方与施工方必须按照以下规定进行准备（图4-1）：

1）在开箱前首先需要明确参加人员，要求客户方和施工方即实施工程师必须同时在场才能验收货物。如任何一方单方开箱验货，出现任何货物差错问题，由开箱方负责。

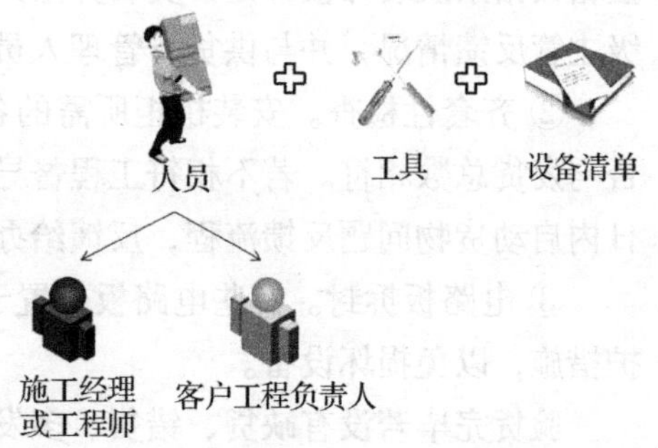

图4-1

2）在开箱前实施工程师需要准备好裁纸刀一类的开箱工具，如果有木箱包装的货物，还要准备较大的螺钉旋具（一字和十字）、扳手、钳子等。

3）实施工程师应在开箱前掌握要检验的货物内容，一般可以从项目订单中获得设备清单或通过设备销售人员获得。如果无法获得，可以向厂商当地办事处求助合同设备清单进行设备盘点。

注意：当设备从一个温度较低、较干燥的地方拿到温度较高、较潮湿的地方时，必须等至少30 min以后再拆封，2 h后才能上电，否则会导致潮气凝聚在设备表面，损坏设备。如果是硬盘，需要12 h后再拆封上电，否则会导致电子设备结露，造成损坏。

4.1.2 开箱验货

开箱验货即合同货物到达施工现场后，由工程督导和客户共同对货物进行点验，验货无误后进行货物管理权的移交。

首先介绍下参与项目的有关人员。工程督导主要指由技术服务部和市场部共同任命的负责某一具体工程项目的工程师。供货方主要指设备供货厂家，如H3C、华为、Cisco等。客户指需要进行网络改造的公司或企业。

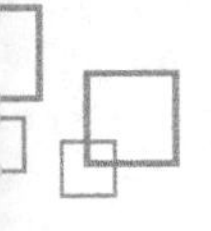

1. 开箱验货流程（图4－2）

1）开箱验货在设备安装地点进行，工程督导和客户必须同时在场，如双方不同时在场，出现货物差错问题，由开箱方负责。

2）工程督导与客户首先检查货物包装箱是否破损，防冲击、防翻倒等警示标签的状态是否异常，如果有问题必须立即停止开箱，向上级主管反馈情况，并与供货方管理人员（如H3C订单管理工程师）联系，等候处理。

3）检查货物包装箱件数是否与发货总数相符，若不相符工程督导必须请客户现场确认，向上级主管反馈情况，并在3日内启动货物问题反馈流程，如华为的项目工程需填写《货物问题反馈表》，并请客户签字确认，反馈给供货方接口人。

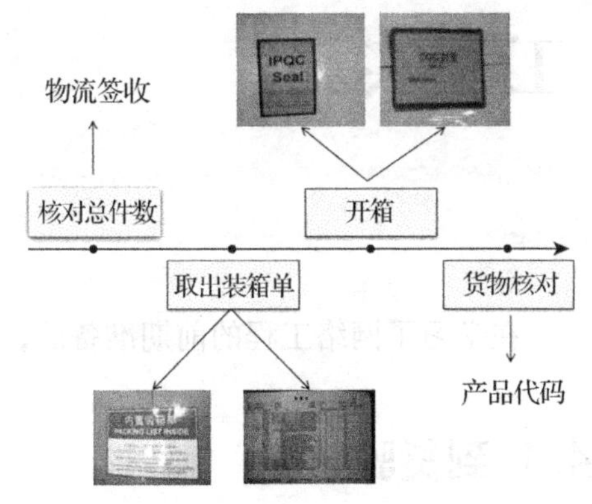

图4－2

4）以上检查无异常后，再打开货物包装箱，与客户逐一点验货物。具体验货步骤如下：

① 外观检查。机柜外观有无缺陷、是否牢固、有无松动或破损现象、标识字是否清晰，插箱板铭条及装饰板等是否安装齐全并合乎使用要求。如果有问题必须立即停止开箱，向上级主管反馈情况，并与供货方管理人员联系等候处理。

② 齐套性检查。安装机柜所需的各部件和附件是否配套完整。检查货物包装箱件数是否与发货总数相符。若不相符工程督导必须请客户现场确认，向上级主管反馈情况，并在3日内启动货物问题反馈流程，反馈给办事处订单管理工程师。

③ 电路板拆封。有些电路板是置于防静电保护袋中运输的，拆封时必须采取防静电保护措施，以免损坏设备。

验货完毕若没有缺货、错货、多发、货物破损等问题，工程督导必须和客户签署相关确认文件，如H3C的装箱单。工程督导返回驻地后，必须将确认文件装箱单提交给工程组长或部门经理审核。若出现缺货、错货、多发、货物破损等问题，工程督导同样必须向上级主管反馈情况，并在3日内启动货物问题反馈流程。

2. 验收完毕后对货物进行摆放与管理的规则

1）货物摆放要整齐成排、重心稳定，一般的碰撞不会翻倒跌落，并预留人行及搬运通道，货物重量不能超过地板承重。

2）货物摆放要注意小心轻放、箱体向上、限定堆码层数，重的体积大的货物放在下面，轻的体积小的货物放在上面，垂直堆放的层数不要超过4层。

3）同类型设备的货物摆放在一起，货物有标签的一面朝一个方向，方便施工时寻找。

4）不能踩踏货物，不能把货物当垫座。

5）电路板不允许无包装堆叠。

6）腾空部分纸箱用于保存设备附件，特别注意体积较小的附件，如螺钉、标签等，容易丢失又对安装进度影响比较大，需要专门分类保管。

7）关注贵重物品的保管，如便携机、软件光盘、保修卡、License 纸面件等放置在摄像头可以拍摄的地方，并且经常去检查，有必要可暂时带离施工现场保管。

8）开箱验货后产生的包装箱等废弃物必须征求客户意见及时妥善处理。

3. 开箱验货工作汇报与过程文档输出要求

1）开箱验货异常情况必须及时汇报给客户、厂家和公司上级主管，并在相关的工程日报/周报、工作周报中描述说明。

2）开箱验货阶段需要输出的工程过程文档是装箱单。无论开箱验货有无问题都必须输出客户签字的装箱单，并妥善保存和归档。

4.1.3 问题设备处理和货物移交

当验货遇到坏件时，按 DOA（Dead on Arrival，到货即损）处理。DOA 是指发货之日 120 天内的，即保修期起始之日起 30 天内发生产品损坏的情况（注：H3C 产品保修期从产品出厂之日 90 天起计算）。所有 DOA 的设备将以相同的产品予以替换，且此产品为新件，但并不是所有的坏件都按照 DOA 处理。以下情况属于免责范围（以 H3C 公司的合同条款为例）：

1）人为原因而引起的异常损坏，如，未按 H3C 提供的技术资料中所列的用途和方法操作而引起的系统损坏，安装中用力过大损坏，跌落、踩踏等原因造成损坏。

2）未经 H3C 同意，将非 H3C 提供的附件、软件或其他材料安装在该设备上而引起的损坏。

3）未能满足该设备正常运行所需环境条件或外部电气参数的要求而引起的系统损坏。如设备进水或其他液体进入设备、雷击、信号口引入高压、使用电源不正常等。

4）由不可抗力引起的损坏，如自然灾害、战争等。

注意：DOA 情况一般通过以下两种途径反馈处理。

1）通过备件中心 RMA 系统更换。开箱后外观无损坏，产品电气性能上有问题，现场工程师按《H3C 备件服务管理规定》中的相关流程向 H3C 备件中心报修；代理商备件申请专用账号登录备件管理系统（http://rma.h3c.com），如图 4-3 所示。

图 4-3

提交 RMA 申请，正确填写坏件设备的条码号，系统审核人员根据发货日期选择是否属于 DOA。

2）通过供应链市场接口处反馈。出现外包装或出厂原包装破损、包装标识和封签异常、机箱或模块变形、货物类型或数量差错等异常情况时，在开箱验货 3 天内反馈到市场接口处。包装破损或设备变形的应拍摄变形破损照片，保留破损的原包装箱，以备核实情况。处理方式如下：

① 填写《货物问题反馈表》，比如 H3C 的货物问题反馈表如图 4－4 所示。

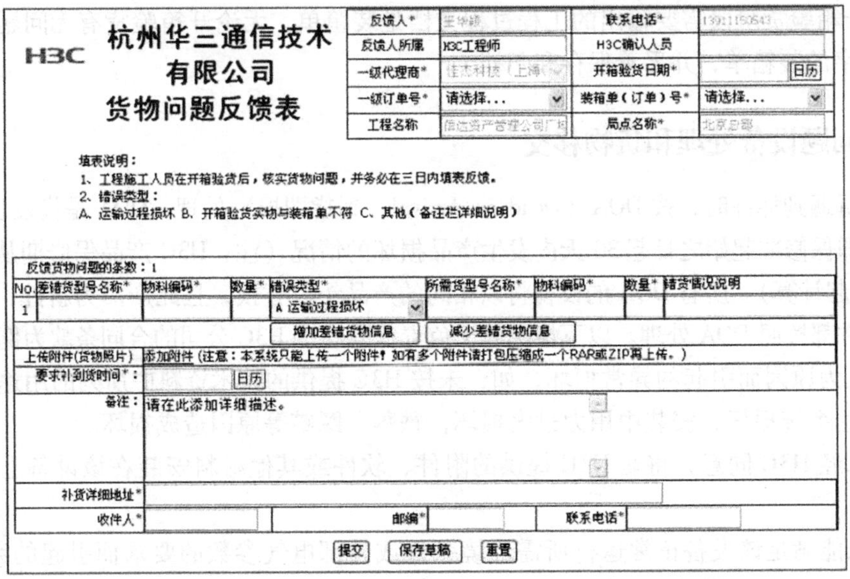

H3C 杭州华三通信技术有限公司 货物问题反馈表

反馈人*		联系电话*	
反馈人所属	H3C工程师	H3C确认人员	
一级代理商*		开箱验货日期*	日历
一级订单号*	请选择...	装箱单（订单）号*	请选择...
工程名称		局点名称*	

填表说明：
1、工程施工人员在开箱验货后，核实货物问题，并务必在三日内填表反馈。
2、错误类型：
A、运输过程损坏 B、开箱验货实物与装箱单不符 C、其他（备注栏详细说明）

反馈货物问题的条数：1

No.	差错货型号名称*	物料编码*	数量*	错误类型*	所需货型号名称*	物料编码*	数量*	错货情况说明
1				A 运输过程损坏				

增加差错货物信息　减少差错货物信息

上传附件(货物照片)　添加附件（注意：本系统只能上传一个附件！如有多个附件请打包压缩成一个RAR或ZIP再上传。）

要求补到货时间*：　日历

备注：请在此添加详细描述。

补货详细地址*

收件人*　邮编*　联系电话*

提交　保存草稿　重置

图 4－4

现场工程师填写《货物问题反馈表》时，带“＊”的为必填项。对于需要补发的部分附件，如果现场无法查询到编码，可不填或者填写“00000000”。反馈表中合同号指 H3C 下单生产的合同号，可从发货的外包装箱或装箱单中查询。反馈表中写明损坏原因、要求补货日期、收货地址、收货人姓名、联系电话等有效信息。

反馈途径分为以下两种：

- 通过合作伙伴工程师，即现场工程师，填写《货物问题反馈表》，通过 E-mail 反馈到 H3C 供应链市场接口处。
- H3C 内部员工或有账号的代理商可以通过 H3C 的工程项目管理系统（http://epms.h3c.com）反馈并查询处理进展。登录 http://epms.h3c.com，找到对应的项目，在“工程管理”的“到货即损”环节填写并提交《货物问题反馈表》。

② 市场接口处受理和处理。反馈人提交《货物问题反馈表》并提供必要信息（如合同号、条码、开箱验货日期、问题照片、收件人地址等）后，市场接口处工程师在两个工作日内执行处理，如内部补发等，紧急问题一个工作日执行处理。如有特殊情况（如欠料、特殊物料需特别加工等）影响处理进度，市场接口处通知反馈人并跟踪问题进展直至解决。

③ 退回坏件的管理。对不需要返回核销的坏件不必退回。对于需要核销退回的坏件，市场接口处提供退货地址，要求反馈的工程师负责在 15 天内将坏件退回，坏件注意包装。

市场接口处跟踪退货，并在收到坏件后通知工程师。坏件返回最长时间为好件补发出厂日期后 3 个月。对超期的处罚如下：

- 如果是代理商工程师处理的，挂账到代理商。无故超期不退回的，市场接口处通报到渠道管理部，记录到代理商关键事件考核中。
- 如果是 H3C 办事处工程师处理的，挂账到工程师个人资产，超过 15 天无故没有退回的，市场接口处通报到工程管理部；超过 3 个月无故未退回的工程管理部在办事处季度考核中扣分。

退回坏件的物流费用明确如下：非 H3C 责任引起的货物问题，退货费用由引起货物问题责任方承担运输费用。H3C 责任引起的货物问题，导致的退货运输费用分两部分：如果物料不在省会城市，由现场工程师取回到办事处所在城市，物流费用由现场工程师所在公司承担；如果物料在省会城市，供应链市场接口处通过“委托发货电子流”通知物流合作伙伴（如宅急送）上门取货并返还 H3C，H3C 与物流合作伙伴结算费用。

为了明确“运输损坏”的处理流程，下面将作为一个单独的内容进行阐述。

1）运输损坏：简称运损，指物料在运输途中造成损坏，包装严重变形或破损且设备出现变形等功能损坏问题。

2）一次运输：指从厂家库房提货后，通过承运商，运输到合同中指定的客户到货地点，可以是客户集中库房或各局点/节点现场。一次运输中产生的损坏为一次运损。

3）二次运输：指从客户库房，再分发到安装现场，一般由客户或施工方进行搬运和分发。二次运输中产生的损坏为二次运损。二次运损责任原则上为承运方。

4）货物发运模式：H3C 主要是分销方式，大部分情况下，由一级代理商（简称一代）在 H3C 的库房提货，由一代承担运输（简称承运）责任。H3C 在提货签收时已经把设备的完好责任转移给了一代。少量直签直服项目，或者合同中明确由 H3C 负责发运的，由 H3C 负责承运。

5）特别说明：开箱验货发现运损后，需停止开箱，保留原包装，在 3 日内通过《货物问题反馈表》反馈至市场接口处。

验货完成后参加验货各代在装箱单签字确认，各方保管一份。当装箱单签字确认后，货物随即移交给客户保管，如图 4－5 所示。

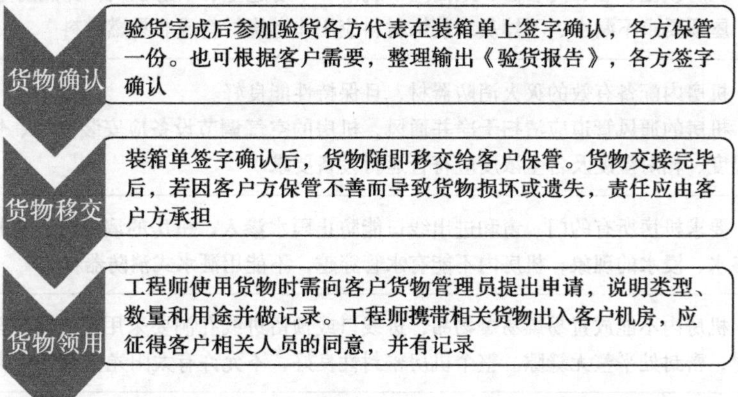

货物确认	验货完成后参加验货各方代表在装箱单上签字确认，各方保管一份。也可根据客户需要，整理输出《验货报告》，各方签字确认
货物移交	装箱单签字确认后，货物随即移交给客户保管。货物交接完毕后，若因客户方保管不善而导致货物损坏或遗失，责任应由客户方承担
货物领用	工程师使用货物时需向客户货物管理员提出申请，说明类型、数量和用途并做记录。工程师携带相关货物出入客户机房，应征得客户相关人员的同意，并有记录

图 4－5

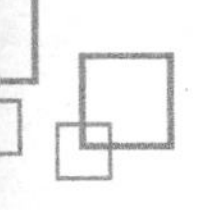

4.2 设备安装

4.2.1 硬件安装

硬件安装是开箱验货工作的后续，开箱验货无问题，通常情况下紧接着就开始进行硬件安装。如果开箱验货发现问题，则硬件安装工作会受到影响，工程师必须对相关情况进行及时汇报，并按要求输出相关过程文档。

在安装设备前首先检查环境是否满足需要，标准见表4－1。

表4－1

序　号	机房标准
1	机房梁下净高应不低于2.7m（机房地板顶面至房梁高度），室内净高不低于3m（机房地板顶面至屋顶）。机房必须有足够的空间高度，以便于安装机架、走线槽和布放电缆
2	楼板负荷应大于600kg/m²，过道、楼梯的负荷标准应大于600kg/m²，超载系数1.4
3	机房地面材料应能防静电，机房地面应平整光洁，倾斜度每米不得偏差1mm，地槽和孔洞的数量、位置、尺寸均应符合工艺设计的要求 机房铺设防静电活动地板时，高度不低于300mm，单元活动地板系统电阻值应符合相关技术条件要求。地板板块尺寸符合安装设计要求，板块铺设严密坚固，每平方米水平误差应不大于2mm
4	机房的防尘及照明符合设计要求，机房的主要光源应采用荧光灯。机房平均照度为150～200lx，无眩光 照明电、设备用电、空调用电必须分开布放，不能混合使用 机房内不同电压的电源插座，应有明显标志。机房内应配有应急灯
5	机房整洁干净，没有灰尘及杂物。 机房顶棚、墙、门、窗、地面应不脱落、不易起尘、不易积灰，并能防尘沙侵入。 屋顶要求不漏水、不掉灰，装饰材料应用非燃烧材料或非易燃材料
6	机房内配备有效的灭火消防器材，且保持性能良好。 机房的通风管道应清扫干净并通风，机房的空气调节设备应安装完毕、性能良好，室内温度、相对湿度及含尘浓度应符合运行设备要求
7	要求机房所有的门、窗和进出线口能防止雨水渗入，机房的墙壁、天花板和地板不能有渗水、浸水的现象，机房内不能有水管穿越，不能用洒水式消防器材
8	机房内不能放置易燃易爆物品，进线口或预留进线孔洞要采用防火泥或阻燃盖板进行密封，密封处平整无缝隙。整个机房密封性良好，不允许有太阳光直射进机房
9	综合通信大楼的接地电阻应不大于1Ω，设备接地电阻不大于1Ω

环境准备好后，开始进行设备的安装。这里用一个简图（图4－6）来描述具体的流程。

安装走线架 → 安装挂耳 → 安装设备到机柜 → 安装主控板 → 安装业务板 → 连接保护地线 → 安装电源模块 → 连接电源线 → 连接配置终端 → 安装后检查

图4-6

当深度大于36cm、高度大于1m的设备安装在机柜中时，应采用机柜或设备自带的滑道、托盘、导轨作为支撑件，不能仅使用前挂耳将设备固定在机柜上。当遇到上述情况时，工程师实施时必须使用支撑件。

待安装完后，工程师进行设备上架时需注意安装设备的左右前后保证大于10cm的散热空间，设备的风道之间互相匹配，不同风道之间有效隔离，一个设备的出风不能成为其他设备的进风，设备进、出风口不能被阻挡。

上电时需要插接部位应紧密牢靠，接触良好，各电缆插头的锁扣应扣紧，同轴电缆插头应旋紧。中继电缆插座、网线插座、各背板的Header插座等插接端子不得有缺针或插针弯曲短路现象。直流电源线接续时应连接牢固，接头接触良好，电压降指标及对地电位符合设计要求。使用的交流电源线必须有接地保护线，如图4-7所示。

1. 有接地排时：

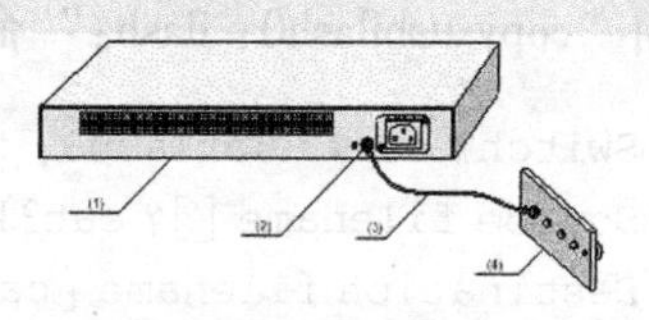

2. 无接地排，可埋设接地体时：

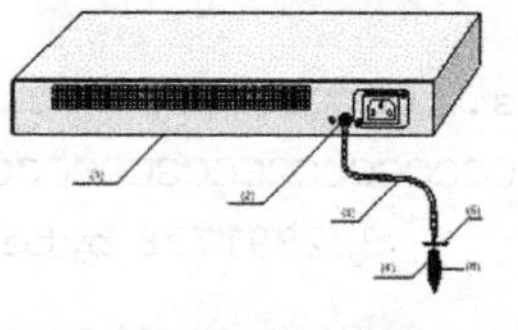

3. 无接地排，无法埋设接地体时：

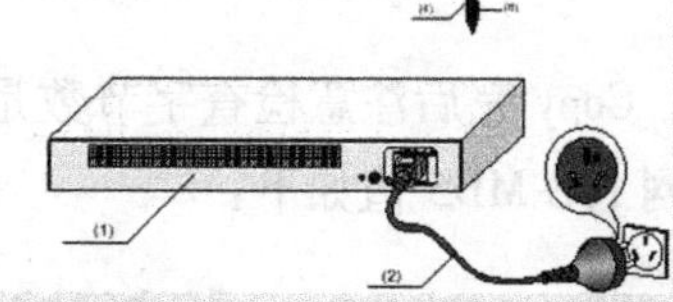

图4-7

采用胶皮线作直流馈电线时，每对馈电线应保持平行，正负线两端应有统一红蓝标志，安装后的电源线末端必须用胶带等绝缘物封头，电缆剖头处必须用胶带和护套封扎。

设备应采用联合接地的方式，除各机柜的保护地线接到直流配电柜，经直流配电柜接地外，各机柜的地线应紧密相连，成为一个等电势体。交换机工作地、总配线架防雷地和交换配电系统安全地应采用合设接地或独立接地方式，其接地电阻必须小于1Ω。交、直流必须分开接地。电源系统不同的交换设备的地线系统绝对不可以连接。

4.2.2 软件调试

1. 版本加载

一般情况下使用随机发货的软件即可，而存在特殊功能特性需求时设备配置要使用厂家指定版本。先查看设备版本，如H3C设备使用如下的“display version”命令：

```
<RT1>display version
H3C Comware Platform Software
Comware Software,Version 5.20,Release LITO
Copyright(c)2004-2010 Hangzhou H3c Tech.co.,Ltd.All rights reserved.
SIMWARE uptime is 0 week,0 day,0 hour,1 minute
```

当需要使用指定版本时，建议最好使用U盘灌入指定版本，如果无法使用U盘，请使用FTP灌入指定版本。

以Cisco的3850交换机灌入指定版本为例，将指定版本复制到U盘，插入U盘到3850。注意有些U盘无法识别，因此最好多准备两个U盘，建议采用文件系统为FAT32的U盘。使用“copy usbflash0: flash:”命令灌入IOS，命令如下：

```
Switch# copy usbflash0: flash:
Source filename []? cat3k_caa-universalk9.SPA.03.07.03.E.152-3.E3.bin
Destination filename [cat3k_caa-universalk9.SPA.03.07.03.E.152-3.E3.bin]?
Copyin
progress...CCCCCCCCCCCCCCCCCCCCCCCCCCCCCCCCCCCCCCCCCCCCCCCCCCCCCCCCCCCCCCC
CCCCCCCCCCCCCCCCCCCCCCCCCCCCCCCCCCCCCCCCC·····.
322991728 bytes copied in 83.140 secs (3884914 bytes/sec)
```

Copy完后注意检查字节数是否正确，并利用交换机自带MD5校验与官网MD5值对比。官网IOS MD5值如下：

```
MD5 Checksum: 71d48b44bb5ec13d4b4d47d8c3dc9dd7。
```

交换机自带MD5校验命令如下：（时间稍长）

```
Switch #verify /md5 flash:cat3k_caa-universalk9.SPA.03.07.03.E.152-3.E3.bin
```

```
........................................................................................................
..........................................................................................
..............................................................................Done!
verify /md5 (flash:cat3k_caa-universalk9.SPA.03.07.03.E.152 -3.E3.bin) =71d48b44bb5
ec13d4b4d47d8c3dc9dd7
```

两者对比相同后才可升级 IOS；如不一致，请重新下载、灌入，并校验 IOS。

（1）管理口灌入 IOS

如无法使用 U 盘，请使用 FTP 灌入 IOS，此处 3850-12S 利用管理口（RJ45）灌入 IOS，灌入方式如下：

1）配置计算机与 G0/0（管理口）在同一网段，确保通信正常。命令如下：

```
Switch#pingvrfMgmt-vrf 1.1.1.1
Type escape sequence to abort.
Sending 5, 100-byte ICMP Echos to 1.1.1.1, timeout is 2 seconds:
!!!!!
Success rate is 100 percent (5/5), round-trip min/avg/max = 1/202/1000 ms
```

2）使用 3CD 软件灌入 IOS。命令如下：

```
Switch(config)#ip ftp username cisco
Switch(config)#ip ftp password cisco123456
Switch(config)#ip ftp source-interface GigabitEthernet 0/0
Switch#copy ftp: flash:
Address or name of remote host [1.1.1.1]?
Source filename [cat3k_caa-universalk9.SPA.03.07.03.E.152-3.E3.bin]?
Destination filename [cat3k_caa-universalk9.SPA.03.07.03.E.152-3.E3.bin]?
Accessing ftp://1.1.1.1/cat3k_caa-universalk9.SPA.03.07.03.E.152-3.E3.bin...
!!!!!!!!!!!
*May 20 04:01:02.234: Loading cat3k_caa-universalk9.SPA.03.07.03.E.152-3.E3.
bin !!!!!!!!!!!!!!!!!!!!!!!!!!!!!!!!!!!!!!!!!!!!!!!!!!!!!!!!!!!!!!!!!!!!!!!!!!!!!
!!!!!!!
!!!!!!!!!!!!!!!!!!!!!!!!!!!!!!!!!!!!!!!!!!!!!!!!!!!!!!!!!!!!!!!!!!!!!!!!!!!!!!!!!
!!!!!!!!!!!
[OK - 322991728/4096 bytes]

322991728 bytes copied in 116.640secs (2769133 bytes/sec)
```

强烈建议使用 U 盘灌入 IOS，降低灌入错误率并减少灌入时间。

（2）升级 IOS

1）灌入 IOS，MD5 校验完成后，输入以下命令：

```
boot system switch all
flash:cat3k_caa-universalk9.SPA.03.07.03.E.152-3.E3.bin
```

2）保存：

```
wr
```

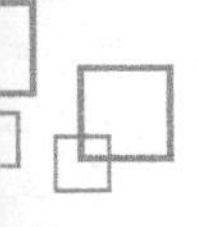

3）查看下次启动时的IOS：

```
Switch#show boot
---------------------------
Switch 1
---------------------------
Current Boot Variables:
BOOT variable = flash:cat3k_caa-universalk9.SPA.03.07.03.E. 152-3.E3.bin;
Boot Variables on next reload:
BOOT variable =
flash:cat3k_caa-universalk9.SPA.03.07.03.E.152-3.E3.bin;
Manual Boot = no
Enable Break = no
```

如上述 next reload 为3.7.3，universalk9 版本，重启交换机。命令如下：

```
Reload
```

2. 设备配置

请根据《工程实施方案》或者相关技术文档制作的配置文档配置设备，配置完毕后将设备现有配置与之前做好的配置文档配置进行对比，以免出现漏配、错配，导致更换后设备通信故障。务必使用 Compare 软件（Beyond Compare）进行对比操作，如出现漏配、错配，及时修改配置；如无误，保存配置。

3. 联网测试

将设备进行相应的接线连通现有或新建的网络、系统，当涉及局域网内互通时和客户的网络管理员进行沟通；当遇到广域网线路联调、互通，需要多名工程师共同操作。

4. 配置检查

调试完成后检查设备、端口、协议、邻居等状态是否正常。例如，H3C 常见的配置检查命令有以下几个。

1）查看当前所有配置：display current-configuration。

2）查看路由表：display ip routing-table。

3）查看接口 IP 地址：display ip interface brief。

4）查看 OSPF 的邻居状态：display ospf peer。

4.2.3 故障排除

工程师将设备配置调试完后，如果遇到问题，首先应沉着冷静，仔细观察问题现象，判断问题原因，根据产品技术手册解决问题。

1. 观察

观察是故障排除的第一步，也是最重要的一步，主要查看设备报错信息、设备不正常的指示灯闪烁。

2．诊断

1）收集有关故障现象的信息。

2）对问题和故障现象进行详细描述。

3）注意细节。

4）把所有的问题都记下来。

5）注意不要匆忙下结论。

3．解决

举例：初学者对交换机不熟悉，或者由于各种交换机配置不一样，在配置交换机时，难免会出现配置错误。比如常见的VLAN划分不正确导致网络不通、端口被错误关闭这类故障虽然很简单，但在排查时很难注意，需要拥有足够的耐心。

如果不能确保配置正确，应先恢复出厂默认配置，然后再一步一步重新配置。最好在配置之前，先阅读产品手册，这也是工程师所要养成的好习惯之一。每台交换机都有详细的安装手册、用户手册，甚至每类模块也有，这些手册可以从厂商的官网获得。由于很多交换机的手册是英文的，所以英文不好的管理员可能没有信心看说明书。其实还可以向供应商的工程师咨询后再做具体配置。

4.3 业务上线

4.3.1 硬件测试

硬件测试即设备测试，包括以下几个方面。

1）吞吐量。作为用户选择和衡量交换机性能最重要的指标之一，吞吐量的高低决定了交换机在没有丢帧的情况下发送和接收帧的最大速率。测试时，应在满负载状态下进行。该测试配置为一对一映射。

2）帧丢失率。该测试决定交换机在持续负载状态下应该转发，但由于缺乏资源而无法转发的帧的百分比。帧丢失率可以反映交换机在过载时的性能状况，这对于指示在广播风暴等不正常状态下交换机的运行情况非常有用。

3）Back-to-Back。该测试考量交换机在不丢帧的情况下能够持续转发数据帧的数量，其参数值能够反映数据缓冲区的大小。

4）延迟。该项指标能够决定数据包通过交换机的时间。延迟如果是FIFO（First in and First Out），即被测设备从收到帧的第一位达到输入端口开始到发出帧的第一位达到输出端口结束的时间间隔。最初将发送速率设定为吞吐量测试中获得的速率，在指定间隔内发送帧，一个特定的帧上设置为时间标记帧。标记帧的时间标签在发送和接收时都被记录下来，根据二者之间的差异就得出延迟时间。

5）错误帧过滤。该测试项目决定交换机能否正确过滤某些错误类型的帧，比如过小帧、超大帧、Fragment、CRC错误帧、Dribble错误和Alignment错误。过小帧指的是小于

64 个字节的帧，包括 16、24、32、63 个字节帧；超大帧指的是大于 1518 个字节的帧，包括 1519、2000、4000、8000 个字节帧；Fragment 指的是长度小于 64 个字节的帧；CRC 错误帧指的是帧校验和错误；Dribble 错误指的是在正确的 CRC 校验帧后有多余字节，交换机对于 Dribble 错误的处理通常是将其更正后转发到正确的接收端口；Alignment 错误结合了 CRC 错误和 Dribble 错误，指的是帧长不是整数的错误帧。该测试配置为 1 对多映射。

6）背压。该测试决定交换机能否支持在阻止将外来数据帧发送到拥塞端口时避免丢包。一些交换机当发送或接收缓冲区开始溢出时通过将阻塞信号发送回源地址实现背压。交换机在全双工时使用 IEEE 802.3x 流控制达到同样目的。该测试通过多个端口向一个端口发送数据检测是否支持背压。如果端口设置为半双工并加上背压，则应该检测到没有帧丢失和碰撞；如果端口设定为全双工并且设置了流控，则应该检测到流控帧。如果未设定背压，则发送的帧总数不等于收到的帧数。

7）线端阻塞（Head of Line Blocking，HOL）。该测试决定拥塞的端口如何影响非拥塞端口的转发速率。测试时采用端口 A 和 B 向端口 C 发送数据形成拥塞端口，而 A 也向端口 D 发送数据形成非拥塞端口。结果将显示收到的帧数、碰撞帧数和丢帧率。

8）全网状。该测试用来决定交换机在所有自己的端口都接收数据时所能处理的总帧数。交换机的每个端口在以特定速率接收来自其他端口数据的同时，还以均匀分布的循环方式向所有其他端口发送帧。在测试千兆骨干交换机时采用全网状方法获得更为苛刻的测试环境。

9）部分网状。该测试在更严格的环境下测试交换机的最大承受能力，通过从多个发送端口向多个接收端口以网状形式发送帧进行测试。该测试方法常用于千兆接入交换机测试，其中将每个 1 千兆对应 10 个百兆端口，而剩余的百兆端口实现全网状测试。

下面举例测试设备的硬件测试（见表 4－2 ~ 表 4－4），判断设备的板卡是否正常以及 CPU 的使用率。

表 4－2

测试编号	HARD_01_01
测试目的	检查网络设备的硬件运行状态
测试工具	PC
测试对象	总部骨干路由器
预制条件	割接完成
测试步骤	登录到测试设备的命令行，看看硬件运行状态：display device
预期结果	正常情况下，所有板卡、模块显示为 normal
测试结果	□OK □POK □NG □NT
备注	

表 4-3

测试编号	HARD_01_02
测试目的	检查网络设备的硬件运行状态
测试工具	PC
测试对象	分支机构骨干路由器
预制条件	割接完成
测试步骤	登录到测试设备的命令行，看看硬件运行状态：display device
预期结果	正常情况下，所有板卡、模块显示为 normal
测试结果	□OK □POK □NG □NT
备注	

表 4-4

测试编号	HARD_02_01
测试目的	检查网络设备的 CPU、内存使用情况
测试工具	PU
测试对象	总部骨干路由器
预制条件	割接完成
测试步骤	登录到测试设备的命令行，查看 CPU、内存使用率： display cpu-usage display mcmary-usage
预期结果	正常情况下，CPU 使用率平均值应该低于 50%，内存使用率应该低于 50%
测试结果	□OK □POK □NG □NT
备注	

4.3.2　路由测试

路由是数据到达目的地的转发路径，是路由器的核心所在，所以进行路由测试非常重要。路由器通过转发数据包来实现网络互连。路由器根据收到数据包中的网络层地址以及路由器内部维护的路由表决定输出端口以及下一跳地址，并且重写链路层数据包头实现转发数据包。路由器通过动态维护路由表来反映当前的网络拓扑，并通过网络上其他路由器交换路由和链路信息来维护路由表。表 4-5 所示为 OSPF 和 BGP 的路由测试，即相应邻居状态与路由表项的路由检查。

表 4-5

测试编号	ROUT_01_02
测试目的	检查 OSPF 和 BGP 的邻居状态
测试工具	PC

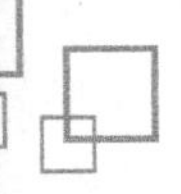

（续）

测试对象	分支机构骨干路由器
预制条件	割接完成
测试步骤	在路由器上查看 OSPF 和 BGP 邻居状态： display ospf 1 peer display bgp peer
预期结果	正常情况下，OSPF 和 BGP 邻居状态如下： OSPF peer　　state ×××××××××　　Full ×××××××××　　Full BGP peer　　state ×××××××××　　Established ×××××××××　　Established ×××××××××　　Established ×××××××××　　Established ×××××××××　　Established
测试结果	□OK □POK □NG □NT
备注	

4.3.3 连通性测试

当路由表学习正常，测试正常后进行连通性的测试，通常使用 ping 命令实现，见表 4－6。

表 4－6

测试编号	OCNN_01_01
测试目的	检查网络的连通性
测试工具	总部和分支机构各 1 台 PC
测试对象	总部与分支机构之间的网络
预制条件	设备运行状态正常，路由测试正常
测试步骤	在总部的 PC1 上 ping 分支机构的 PC2： ping-1 8000-s 100PC2 可以看到结果 1； 在分支机构的 PC2 上 ping 总部的 PC1： ping-1 8000-s 100PC1 可以看到结果 2
预期结果	结果 1：无丢包，时延稳定 结果 2：无丢包，时延稳定
测试结果	□OK □POK □NG □NT
备注	

4.3.4 冗余测试

在冗余测试时使用VRRP，在一个局域网络内的所有主机都设置网关。网关是局域网的出口，即当网内主机离开该网络去外部网络时，数据报文将被发给网关，再由网关发给目的网段，从而实现主机与外部网络的通信。因此网关的重要性不言而喻，如果网关设备发生故障，内部主机将无法与外部通信，在部署网络时绝不能容许单点故障导致全网不通，通常设置一主一备的网关，即设置VRRP。

VRRP（Virtual Router Redundancy Protocol，虚拟路由冗余协议）是由ISO提出的解决只有一个静态网关导致单点故障现象的冗余协议，1998年已推出正式的RFC 2338协议标准，是一个标准化的协议，有着极强的可扩展性。

VRRP广泛应用于网络改造，它的设计目标是将多台路由器或者具有路由功能的三层交换机加入一个组中，形成一台虚拟网关。使用VRRP的好处是网络中有许多三层网络设备如路由器或者三层交换机，它们同时运行且在同一个网络中，构成一个组形成一个虚拟网关设备。当该组中活跃的设备发生故障，只要组内其他路由器或者三层交换机是处于活跃状态的，该虚拟网关就可以保证数据通信，网络主机感知不到网络发生故障。该协议提供了动态默认网关地址的先河。如果活跃的三层设备出现故障，备份设备会变成活跃设备，不会导致主机通往外界网络的中断。它可以把一个虚拟网关的作用分配在VRRP组中的一台主机，网络内的所有主机以虚拟网关地址为网关地址，这样主机发出的目的地址不在本网段的报文将通过虚拟网关发往三层交换机，从而实现了主机和外部网络的通信，如图4-8所示。

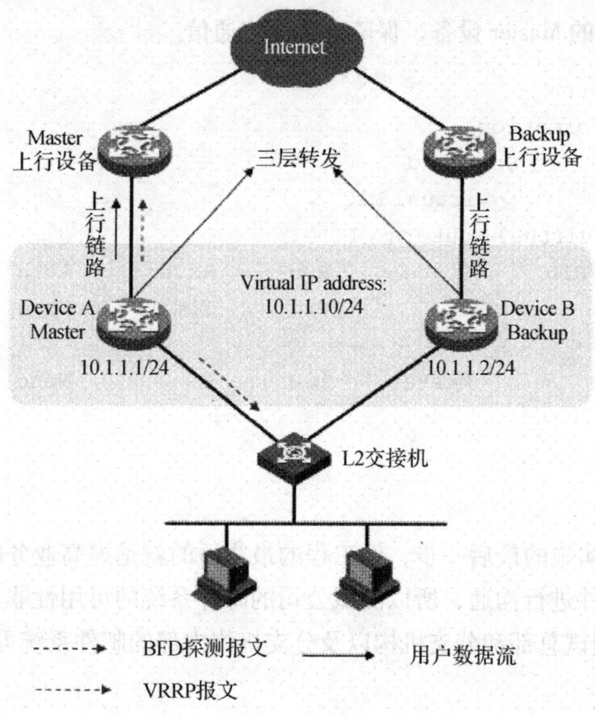

图4-8

在 VRRP 中，只有 Master 设备才工作。当 Master 设备链路故障或者设备故障时，备份组会从所有的 Backup 设备动态选举出新的 Master 设备。只要备份组中任意一台设备正常并且链路稳定，虚拟网关就可以继续为该网络的主机提供数据转发，提高网络的冗余性。

例如，通过 VRRP 设置主网关的 Master 为 SW1，Backup 为备份网关 SW2。具体的现象演示如下所示。

```
[SW1]display vrrp
IPV4 Standby Information:
     Run Mode          : Standard
     Run Method         : Virtual MAC
Total number of virtual routers : 1
Interface      VRID     State     Run      Adver     Auth      Virtual
                                  Pri      Timer     Type        IP
- - - - - - - - - - - - - - - - - - - - - - - - - - - - - - - - - - - -
Vlan2          2        Master    120      1         None      192.168.2.254
```

将主网关交换机 SW1 的 VLAN2 的虚接口关闭，制造人为的故障，查看备份网关交换机 SW2 是否能成为新的 Master，保证内部的网络通信。

```
[SW1]interface vlan-interface 2
[SW1-Vlan-interface2]shutdown
```

发现 SW2 作为新的 Master 设备，保障内部网络通信。

```
<SW2>display vrrp
IPV4 Standby Information:
     Run Mode          : Standard
     Run Method         : Virtual MAC
Total number of virtual routers : 1
Interface      VRID     State     Run      Adver     Auth      Virtual
                                  Pri      Timer     Type        IP
- - - - - - - - - - - - - - - - - - - - - - - - - - - - - - - - - - - -
Vlan2          2        Master    100      1         None      192.168.2.254
```

4.3.5 业务测试

业务测试是工程实施的最后一步，做工程的最终目的就是提高业务的高可用性，比如在日常工作中通常以邮件进行沟通，所以测试公司的邮件系统的可用性非常重要。

表 4-9 所示为测试总部和分支机构以及分支机构内部的邮件系统可用性。

表4-7

测试编号	APLL_01_01
测试目的	测试邮件系统可用性
测试工具	总部和分支机构各1台PC
测试对象	总部与分支机构之间的网络连接
预制条件	设备运行状态正常，网络连接性正常，业务系统运行正常
测试步骤	总部用户1给分支机构的用户发送一封测试邮件，分支机构用户2给总部用户1回一封测试邮件，可看到结果1
预期结果	结果1：邮件正常收发
测试结果	□OK □POK □NG □NT
备注	

掌握规范的项目流程之后，还要注意的非常重要的一点就是沟通，因为项目参与的主体是人，项目开始时需要沟通，项目进行时需要沟通，项目完成时也是一样。良好的沟通可以让项目经理掌握项目的动向，同时提前规避项目当中可能遇到的问题，使整个项目在保证质量的情况下，按时完成。

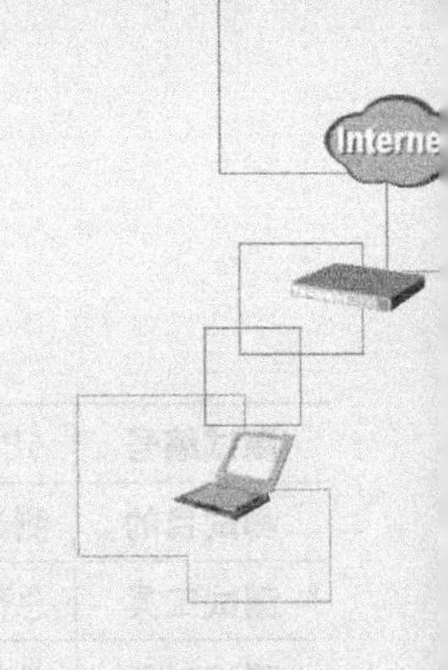

第5章 工程收尾

项目收尾阶段是收获项目成果的阶段，同时也是IT信息类项目容易理解但较难操作的阶段之一。这个阶段一旦结束，就标志着整个项目管理过程的最终结束。

如同项目启动需要和客户做好沟通一样，项目收尾阶段也需要和客户做好交接工作：主要是工程培训、工程验收和工程移交。项目收尾工作的另一重要内容是从项目中获得相关经验进行总结，以便指导和改善未来项目的运作和实施。

5.1 工程培训

工程培训是由网络的施工人员，针对甲方不同岗位的人员进行技术培训。甲方的工程对接人员可能专业技术不如专业的网络施工人员，因此，需要在项目结束之后对甲方人员进行工程培训，或者称为转维培训。

5.1.1 培训形式

项目中一般涉及以下两种方式的培训：

1）集中培训。如果有需要，项目经理需要协助客户组织完成对客户维护人员的集中培训。集中培训一般分为付费和免费两种，前者一般在客户单位以外的地方进行，主要由培训部门交付；后者一般在客户单位内部进行。集中培训内容包括产品知识、相关技术和项目方案培训。集中培训一般包含上机操作和考试。集中培训完成后应该反馈签到表、培训总结和培训满意度调查表等。

2）现场培训。施工人员需要在实施现场对客户的工程配合人员和维护人员进行培训，使其掌握基本的产品知识和维护技能。

5.1.2 培训内容

1. 组网和配置培训

项目完成之后，甲方的项目直接负责人可能并不熟悉项目的具体规划，因此就需要针对整个项目及其所用技术进行培训，可以面向甲方所有负责人员。现场培训的具体内容见表5－1。

表5-1

工程名称	××银行网络改选项目	局点名称	陕西	
客户联系人	客户B	客户联系电话	139××××6032	
设备类型	■主网络 □存储 □多媒体 □其他	设备型号	SR6608	
培训时间	2017年4月20日 9：00~12：00			
培训工程师	C			
培训人员	客户B和其他维护人员			
培训内容	1. SR66系列路由器基础知识 2. 项目方案和配置讲解 3. 设备常见问题和故障处理			
下栏内容由客户方培训人员填写				
客户意见	培训工程师专业技术水平	■很好	□良好	□一般 □差
	培训工程师专业技术水平	■很好	□良好	□一般 □差
	培训满意度	■非常满意	□良好	□一般 □差
	综合意见： 培训到位，反映良好。 签字 日期 年 月 日			

配置培训包括以下方面的内容：

1）网络的拓扑结构。

2）IP地址规划。

3）项目中所需技术的基本原理。

4）数据流量的具体走向。

5）后期发展规划等。

2. 日常维护培训

日常维护培训指项目交付完成后，工程师及施工人员撤离现场，整个网络环境交由甲方人员进行的维护、检查培训。日常维护培训看似简单平常，但是这对网络性能的测试以及故障诊断都是至关重要的环节。维护培训需要甲方人员定期进行记录，并以书面的形式进行保存。日常维护培训的具体内容一般包括以下几个方面：

1）设备的环境记录（温度、湿度等）。

2）设备的基本信息。

3）设备运行状态。

4）业务的运行情况等。

保证日常维护的培训过程，能够为后期的紧急故障处理提供良好的内容参考，可以依据

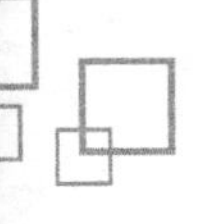

日常巡检报告完成，见表5－2。

表5－2

<table>
<tr><td>单位名称</td><td></td><td>巡检时间</td><td></td></tr>
<tr><td>巡检人</td><td colspan="3"></td></tr>
<tr><td colspan="2">设备名称：</td><td colspan="2">设备型号：</td></tr>
<tr><td colspan="2">巡检内容</td><td>检查方法</td><td>结　果</td></tr>
<tr><td colspan="2">1. 检查设备面板指示灯状态，查看是否有红灯告警</td><td>检查告警指示灯</td><td>是（否）正常</td></tr>
<tr><td colspan="2">2. 检查电源状态，查看是否有红灯告警</td><td>检查告警指示灯</td><td>是（否）正常</td></tr>
<tr><td colspan="2">3. 登录设备检查 logbuffer，查看是否有异常告警</td><td>登录设备执行“display logbuffer”命令</td><td>是（否）正常</td></tr>
<tr><td colspan="2">4. 检查端口是否存在错误包</td><td>登录设备执行“display interface brief”命令</td><td>是（否）正常</td></tr>
<tr><td colspan="2">5. 环境温度</td><td></td><td></td></tr>
<tr><td colspan="2"></td><td></td><td></td></tr>
<tr><td colspan="2"></td><td></td><td></td></tr>
<tr><td colspan="4">备注：以每台设备为单位填写</td></tr>
<tr><td colspan="4">异常问题记录（上面检查发现的问题或在各检查项外发现的问题请在此具体描述）</td></tr>
<tr><td colspan="4">异常问题解决方案（异常问题解决方案在此具体描述）</td></tr>
</table>

3. 紧急故障处理培训

组网和配置培训、日常维护培训都是为了应对产生紧急故障的问题，有时网络产生的故障对企业来说是致命的问题。

紧急故障培训的内容主要面向于企业网络的整体架构，以及常见问题的基础解决方案。网络故障的处理需要在时间很短的情况下，从现象去推导故障点的位置、原因。除了需要工程师或者运维人员有一定的技术基础和排错经验外，还需要在前期做好充足的方案。这样在产生紧急故障的时候，能够用最短的时间去处理故障，减少网络中断的时间。

5.2 工程验收

工程的验收分为初步验收和最终验收两个环节。

初步验收环节是指在设备调试完成后，施工方项目初步移交给甲方，甲方可以对项目进行测试。测试完成可以直接进行项目移交，也可以转入试运行阶段。试运行阶段业务可以上线运行。试运行阶段一般持续几天到一周的时间，在这个时间中，施工方可以对数据业务流向、业务承载压力进行测试监控。

试运行阶段完成后，项目可以转入最终验收环节。最终验收需要甲方对项目进行盖章签字等操作。在最终验收环节，施工方需将所有项目资料转交给甲方及项目监理单位，同时需要提交施工情况及工程质量评估情况报告。监理单位提交项目质量评估情况。甲方对提交的资料进行评估。如果评估结果通过，可以与施工方和监理单位签署项目验收函。

5.2.1 工程测试

通常，项目工程的测试工作包括以下步骤：

1）工程质量测试。工程质量测试是对工程进行全面测试，依照双方合同约定的环境，确保网络的功能和技术设计满足业主的需求，并能正常运行。设备的测试环节需要对全网设备覆盖。除了定期定点测试，也需要不定时地针对某一功能或者某一技术进行测试，更加体现测试的科学性。

2）系统的试运行。网络在通过双方的测试以后，可以开始试运行。试运行包括数据正常转发和日常维护。一般来讲，在试运行期间，双方可以确定具体的内容并进行适当的交接培训。对于在试运行期间发生的问题，可以看作项目突发事件加以处理，如需要增添必要的工作，可按项目变更过程进行处理；也可另立新的项目加以处理。

5.2.2 资料移交

在经过测试后，测试的文档应当逐步移交给对方。验收报告的书写应尽可能的详细，如果条件允许也可以选择第三方测试公司来对工程质量进行评估。验收报告内应写明测试的标准，以及测试的方法；详细记录下网络测试的时间段、地点以及验收的针对点。对方也可按照合同或者项目工作说明书的规定，对所交付的文档加以检查和评价；对不清晰的地方可以提出修改要求。

项目实施过程中，需要使用到很多资料以及文档。这些文档资料，除了涉及技术方案的，还有很多是和用户业务相关的资料，都需移交至用户单位。比如以下资料：

1）《项目经理任命书》

2）《工程概述》

3）《工程联系人列表》

4）《软件及硬件到货验收表》

5）《工程实施手册》

6）《工程实施培训教材》

7）《设备安装调试合格报告》

8）《网络设备安装表》

9）《网络设备互联调试表》

10）《工程实施每日进度报告》

11）《工程实施报告》

12）《系统测试方案》

13）《系统初验合格报告》

14）《系统终验合格报告》

15）《系统维护指南》

16）《技术支持服务手册》

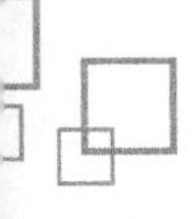

17)《工程档案移交清单》。

最终验收报告（表5-3和表5-4）是甲方认可施工方项目工作的最主要文件之一，这是确认项目工作结束的重要标志性工作。对于信息系统而言，最终验收标志着项目的结束和售后服务的开始。

最终验收的工作包括双方对测试文件的认可和接受、双方对系统试运行期间的工作状况的认可和接受、双方对系统文档的认可和接受、双方对结束项目工作的认可和接受。

项目最终验收合格后，应该由项目组成员撰写验收报告，提请双方工作主管认可。这标志着项目组具体工作的结束和项目管理收尾的开始。报告最终以书面的形式提交给甲方及项目监理方。

甲方需要对移交资料进行审核，并将审核结果以书面的形式递交给施工方。如有需要，甲方也可以与施工方签署项目工程保密协议，对整个项目工程所涉及内容全部保密。

表5-3

<table>
<tr><td>工程名称</td><td colspan="2">××银行网络改造项目</td></tr>
<tr><td>服务合同号</td><td colspan="2">F1583090320H02</td></tr>
<tr><td>一级订单号</td><td colspan="2">D106090309P13</td></tr>
<tr><td>二级订单号</td><td colspan="2">H1090315111D</td></tr>
<tr><td>客户合同号</td><td colspan="2"></td></tr>
<tr><td>客户名称</td><td colspan="2">中国××银行陕西分行</td></tr>
<tr><td>设备类型和数量</td><td colspan="2">2台SR6608</td></tr>
<tr><td>工程服务类型</td><td colspan="2">工程实施服务</td></tr>
<tr><td rowspan="8">工程服务内容</td><td>于 2017 年 3 月 30 日完成到货验收</td><td>☑是 □否</td></tr>
<tr><td>完成设备硬件安装和软件调试</td><td>☑是 □否</td></tr>
<tr><td>完成系统测试</td><td>☑是 □否</td></tr>
<tr><td>完成产品维护现场讲解和培训</td><td>☑是 □否</td></tr>
<tr><td>完成业务上线/割接</td><td>☑是 □否</td></tr>
<tr><td>工程文档、工程账号和密码已移交客户，并提醒客户修改账号和密码</td><td>☑是 □否</td></tr>
<tr><td>客户在实施前已对工程实施方案进行了确认</td><td>☑是 □否</td></tr>
<tr><td>工程实施进展和人力投入满足客户要求</td><td>☑是 □否</td></tr>
<tr><td>完工日期</td><td colspan="2">2017年4月17日</td></tr>
<tr><td colspan="2">甲方签章：

日期：2017年4月20日</td><td>服务方签章：

日期：2017年4月20日</td></tr>
</table>

表 5-4

工程名称	××银行网络改造项目	
服务合同号	F1583090320H01	
一级订单号	D106090309P13	
二级订单号	H1090315111D	
客户合同号		
客户名称	中国××银行总行	
设备类型和数量	2 台 SR6608，6 台 S7506E，15 台 S5810	
工程服务类型	工程实施服务	
工程服务内容	于　2017　年　3　月　29　日完成到货验收	☑是　□否
	完成设备硬件安装和软件调试	☑是　□否
	完成系统测试	☑是　□否
	完成产品维护现场讲解和培训	☑是　□否
	完成业务上线/割接	☑是　□否
	工程文档、工程账号和密码已移交客户，并提醒客户修改账号和密码	☑是　□否
	客户在实施前已对工程实施方案进行了确认	☑是　□否
	工程实施进度和人力投入满足客户要求	☑是　□否
完工日期	2017 年 4 月 20 日	
S5810 目前还未全部上线，后续根据业务需要进行安装调试时，请厂家继续支持和配合。 甲方签章： 日期：2017 年 4 月 30 日	S5810 后续上线时将全力支持。 服务方签章： 日期：2017 年 4 月 30 日	

5.3 工程总结

工程总结属于工程收尾的管理收尾，而管理收尾有时又被称为行政收尾，就是检查团队成员及相关干系人是否按规定履行了所有责任。实施行政结尾过程还包括将收集工程记录、分析工程成败、收集应吸取的教训，以及将工程信息存档供本组织将来使用。

1. 工程总结的意义

1）了解工程全过程的工作情况及相关的团队或成员的绩效状况。

2）了解出现的问题并进行改进措施总结。

3）了解工程全过程中出现的值得吸取的经验并进行总结。

4）对总结后的文档进行讨论，通过后即存入公司的知识库，从而纳入企业的过程

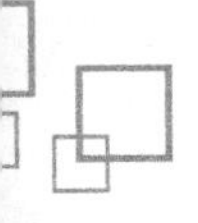

资产。

2. 工程总结会的准备工作

1）收集整理工程过程文档和经验教训。这需要全体项目人员共同进行，而非项目经理一人的工作。项目经理可将此项工作列入工程的收尾工作中，作为参与工程人员和团队的必要工作。项目经理还可以根据项目的实际情况对工程过程文档进行收集，对所有的文档进行归类和整理，给出具体的文档模板并加以指导和要求。

2）经验教训的收集和形成工程总结会议的讨论稿。在此初始讨论稿中，项目经理有必要列出工程执行过程中的若干主要优点和若干主要缺点，以便讨论的时候加以重点呈现。

3. 工程总结会

工程总结会需要全体参与项目的成员都参加，并由全体讨论形成文件。工程总结会所形成的文件一定要通过所有人的确认，任何有违此项原则的文件都不能作为工程总结会的结果。

工程总结会还应对项目进行自我评价，有利于后面的工程评估和审计的工作开展。

一般的工程总结会应讨论以下内容。

1）工程绩效：包括工程的完成情况、具体的项目计划完成率、工程目标的完成情况等，作为全体参与工程成员的共同成绩。

2）技术绩效：最终的工作范围与工程初期的工作范围的比较结果是什么，工作范围上有什么变更，工程的相关变更是否合理，处理是否有效，变更是否对项目等质量、进度和成本有重大影响，工程的各项工作是否符合预计的质量标准，是否达到客户满意程度。

3）成本绩效：最终的工程成本与原始的预算费用，包括工程范围的有关变更增加的预算是否存在大的差距，工程盈利状况如何。这牵扯到工程组成员的绩效和奖金的分配。

4）进度计划绩效：最终的工程进度与原始的进度计划比较结果是什么，进度为何提前或者延后，是什么原因造成这样的影响。

5）工程的沟通：是否建立了完善并有效利用的沟通体系；是否让客户参与过工程决策和执行的工作；是否要求客户定期检查工程的状况；与客户是否有定期的沟通和阶段总结会议；是否及时通知客户潜在的问题，并邀请客户参与问题的解决等；工程沟通计划完成情况如何；工程内部会议记录资料是否完备等。

6）识别问题和解决问题：工程中发生的问题是否解决，问题的原因是否可以避免，如何改进项目的管理和执行等。

7）意见和建议：工程成员对工程管理本身和计划执行是否有合理化建议和意见，这些建议和意见是否得到大多数参与成员的认可，是否能在未来工程中予以改进。

第6章 实用工具介绍

6.1 HCL 模拟器

6.1.1 HCL 模拟器简介

2014 年 10 月 30 日，H3C 的官方模拟器 HCL 正式版本在官网上开放下载。此次版本性能优化、运行稳定顺畅。打开 H3C 官网（http://www.h3c.com.cn）首页，进入“服务与支持”→“软件下载”，在“快速检索”里搜索“HCL”即可进行相关下载。为了读者能够更好地、更快地使用 HCL 这款模拟器，本节从实用、简单、易懂的角度出发对 HCL 模拟器进行介绍，主要包括 HCL 模拟器功能介绍、HCL 模拟器拓扑搭建、常见问题解决和 HCL 版本升级等内容。

HCL 模拟器对计算机的硬件要求见表 6-1。

表 6-1

需求项	需　求
CPU	主频：不低于 1.2GHz 内核数目：不低于 2 核 支持 VT-x 或 AMD-V 硬件虚拟技术
内存	不低于 4GB
硬盘	不低于 80GB
操作系统	不低于 Windows 7

右击系统中的“我的电脑”（或“计算机”），选择“属性”命令，或者下载安装硬件检测软件检查计算机的硬件配置，如图 6-1 所示。如果内存不足可以购买内存进行安装使用。

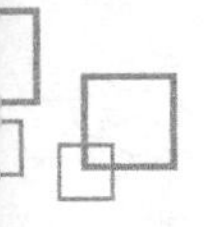

图 6－1

打开 H3C 官网首页，进入“服务与支持”→“软件下载”，在“快速搜索”里搜索 HCL 即可进行相关软件的下载。

下载完 HCL 之后双击安装包，待加载界面完成后，单击“下一步”按钮直到出现如图 6－2 所示界面，此时选择安装“Virtualbox-4.2.24”组件（注意：由于 Virtualbox 模拟器的限制，Virtualbox 安装路径不能包含非英文字符路径），如图 6－2 所示。

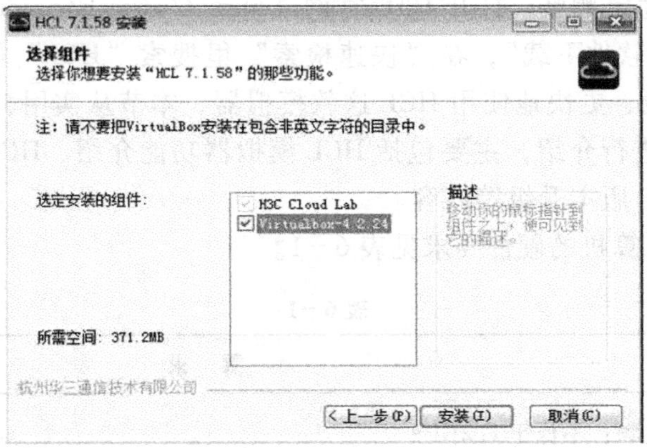

图 6－2

HCL 主界面以及相关设备和线缆介绍如下：

1）主界面如图 6－3 所示。

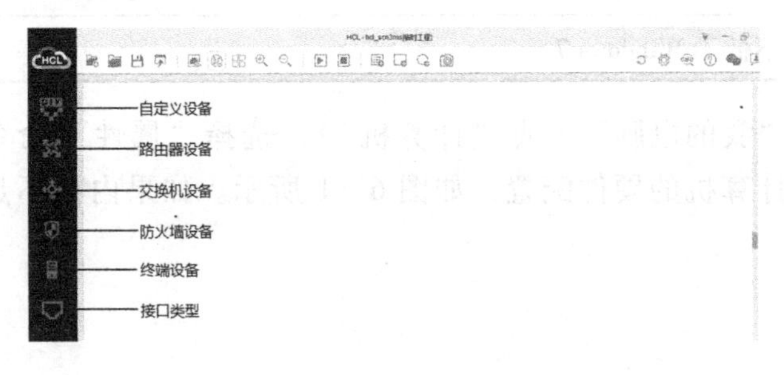

图 6－3

2）主机包含本地主机（Host）、虚拟主机（PC）与远端虚拟网络代理（Remote）。实验过程中使用 PC 即可，如图 6－4 所示。

3）线缆如图 6－5 和表 6－2 所示。

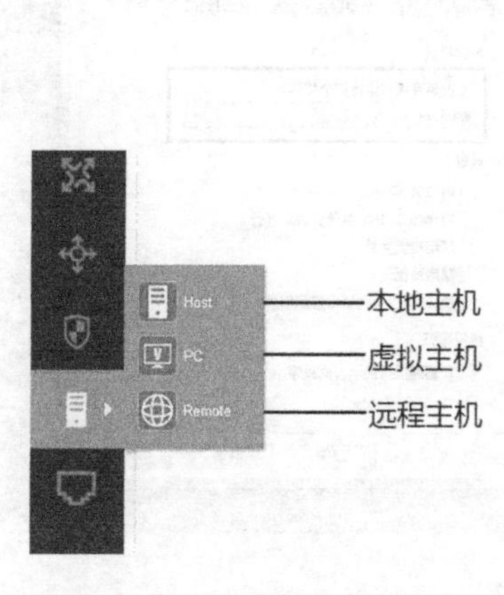

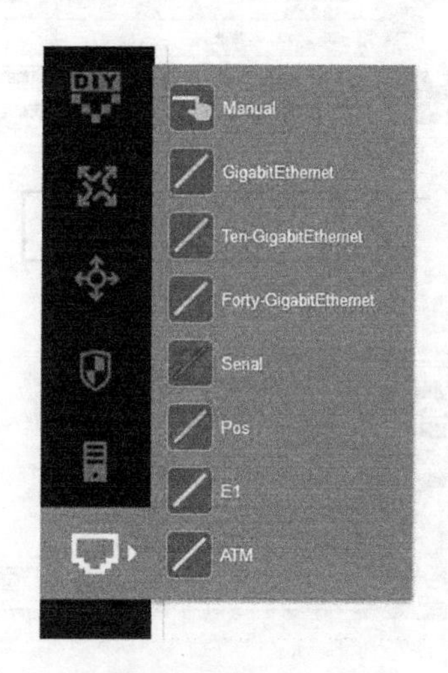

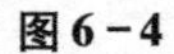

图 6－4　　**图 6－5**

表 6－2

类　型	描　述
Manual	手动连接模式，连线时选择类型
GigabitEthernet	仅用于 GE 口之间的连接
Ten-GigabitEthernet	仅用于 XGE（10GE）口之间的连接
Forty-GigabitEthernet	仅用于 FGE（40GE）口之间的连接
Serial	仅用于 S（Serial）口之间的连接
POS	仅用于 POS 口之间的连接
E1	仅用于 E1 口之间的连接
ATM	仅用于 ATM 口之间的连接

如果在安装 HCL 模拟器时出现报错，检查安装的路径是不是英文。HCL 模拟器需要安装在英文目录中，如图 6－6 所示。

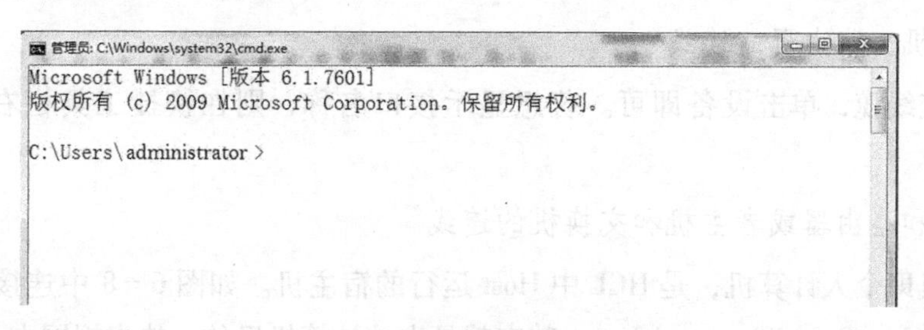

图 6－6

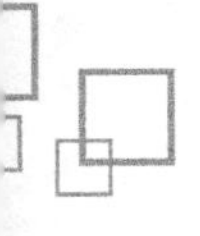

针对 Windows 最新版本的操作系统，如 Windows 10 系统安装 HCL 模拟器提示报错，需要调整 Windows 系统兼容性，让系统支持 HCL 模拟器，如图 6－7 所示。

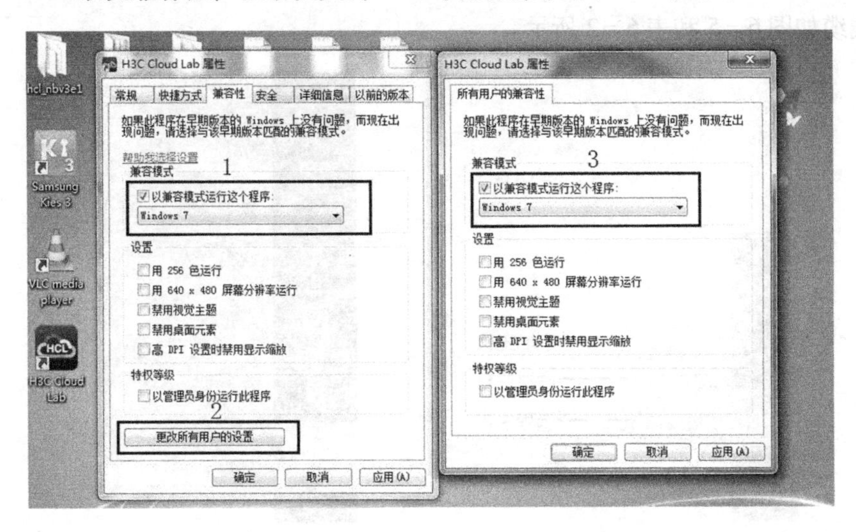

图 6－7

6.1.2 HCL 模拟器拓扑搭建

1. 添加设备

1）在设备选择区单击相应的设备类型按钮（交换机、路由器、Host）。

2）用户可以通过以下两种方式向工作台添加设备。

① 单台设备添加模式：单击设备类型图标并拖拽到工作台，松开鼠标后，完成单台设备的添加。

② 设备连续添加模式：单击设备类型图标，松开鼠标，进入设备连续添加模式，鼠标指针变成设备类型图标。右击工作台任意位置或按 <ESC> 键退出设备连续添加模式。右击取消设备间的连线。

2. 删除线缆和设备

将鼠标移动到对应线缆或者设备上右击删除即可。

3. 交换机、路由器的连线

选择相应线缆，单击设备即可。若想显示接口名称，则在快捷工具栏右击退出连线模式。

4. 主机和路由器或者主机和交换机的连线

本地主机即个人计算机，是 HCL 中 Host 运行的宿主机。如图 6－8 中连接的 Host_1 网卡 VirtualBox Host-Only Ethernet Adapter 其实就是本地计算机里的一块虚拟网卡，简而言之图中 Host 已经和计算机里的虚拟网卡形成了绑定，在图中添加一台 Host 就相当于使用一块虚拟网卡。按图6-8所示将Host的VirtualBox Host-Only Ethernet Adapter和路由器接口G0/1相连就能实现宿主机与虚拟网络的通信。注意：HCL的主机就是跟虚拟网卡绑定的，一台主机对应一个虚拟网卡，多用一台主机就得新建一个虚拟网卡，虚拟网卡可以通过Virtual Box创建，名称为VirtualBox Host-Only Ethernet Adapter，可以通过PC创建，名称为Microsoft Loopback Adapter，详细的创建方法后面给出。

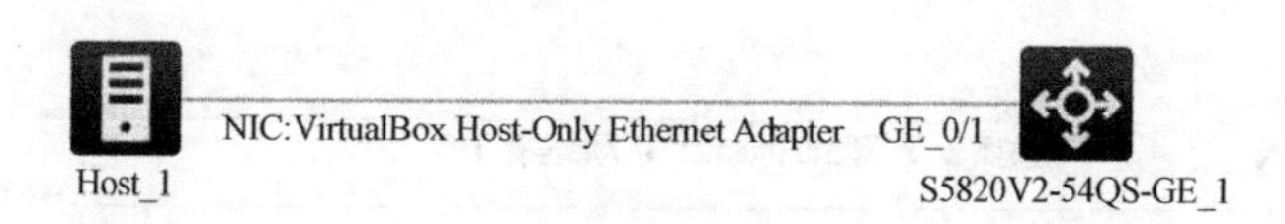

图6-8

在安装结束后，右击“网络”，选择“属性”命令，可以发现只多了一个VirtualBox Host-Only Network网卡，如图6-9所示。

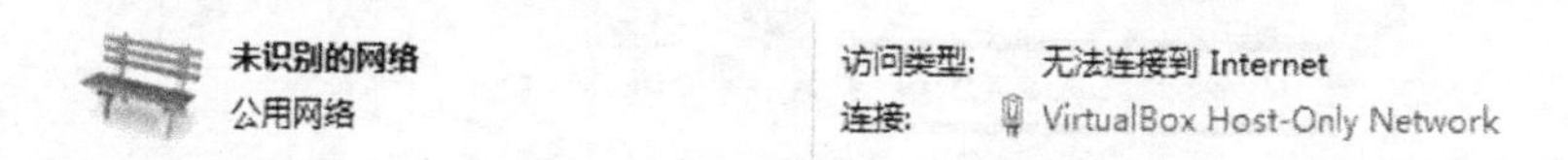

图6-9

如果多台主机都使用VirtualBox Host-Only Network与网络设备进行连接，那么这时候就相当于它们共用一个网卡，此时由于HCL中的主机都映射到这个网卡上，因此主机IP地址等等其他信息都是一样的，这种方法很显然不可行。解决方法有以下两种：

1）利用VirtualBox再去创建一个虚拟网卡。创建过程如下：打开VirtualBox，选择“管理”→“全局设定”→“网络”。在如图6-10所示部分单击按钮；此时再去右击“网络”，选择“属性”命令进行查看，可以发现多出一个VirtualBox Host-Only Network网卡。

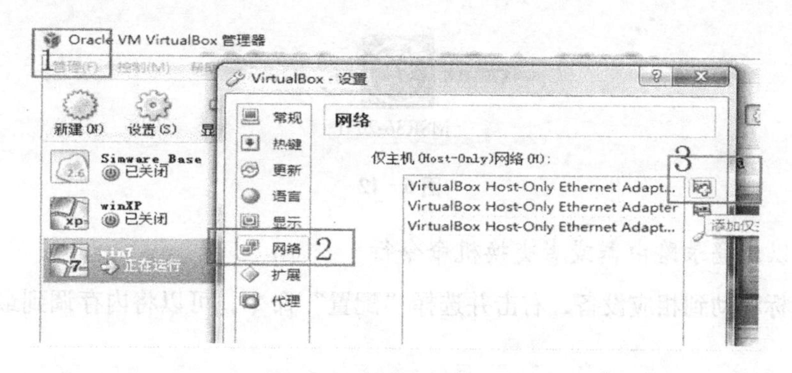

图6-10

2）在个人计算机上创建Microsoft Loopback Adapter（微软回环网卡）。创建过程如下：

①单击“开始”按钮，在搜索栏中输入“hdwwiz”，在搜索结果中右击该程序，使用“以管理员身份运行”方式来启动。

② 根据操作系统向导，选择“安装我手动从列表选择的硬件（高级）”。

③ 在硬件列表中，选择“网络适配器”。

④ 选择“Microsoft”厂商，并在右边网络适配器列表中选中“Microsoft Loopback Adapter”，下一步按照向导完成安装。

结果查询如图 6－11 所示，多出一个 Microsoft Loopback Adapter 网卡。

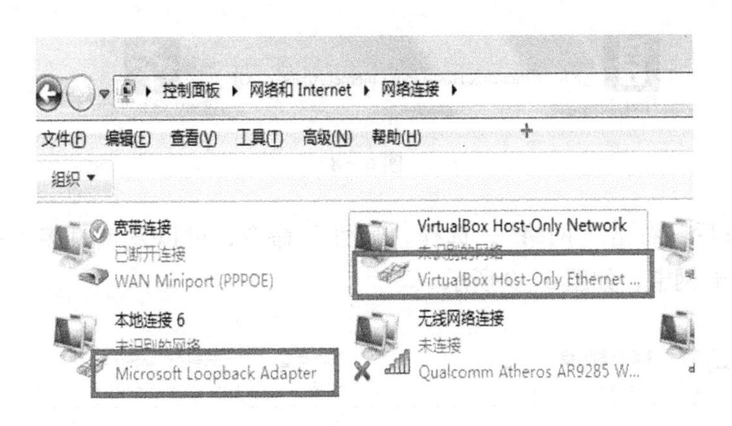

图 6－11

5. 使用 HCL 进行拓扑搭建

使用 HCL 模拟器进行拓扑搭建时，可以使用一台 MSR36-20_1 和两台 PC 互连，分别给路由器和 PC 配置 IP 地址，如图 6－12 所示。

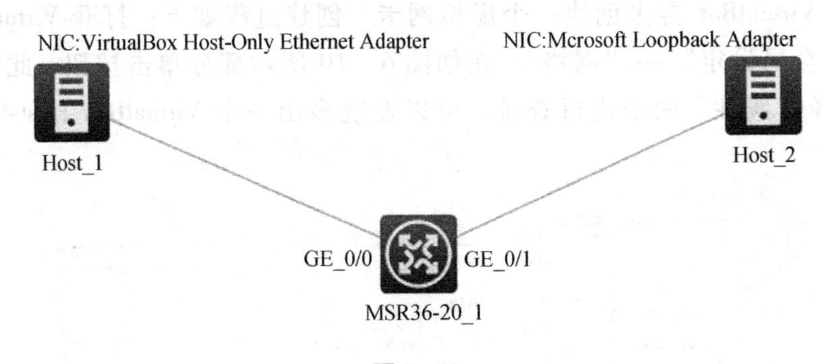

图 6－12

6. 开启以及登录路由器或者交换机命令行

1）将鼠标移动到相应设备，右击并选择“配置”命令，可以将内存调到最小；这一步可省。

2）将鼠标移动到相应设备，右击并选择“启动”命令。

3）启动完成后，右击并选择“启动”命令行终端。

4）出现如图 6－13 所示界面，等待，按 <Ctrl + D> 组合键，则进入用户视图。

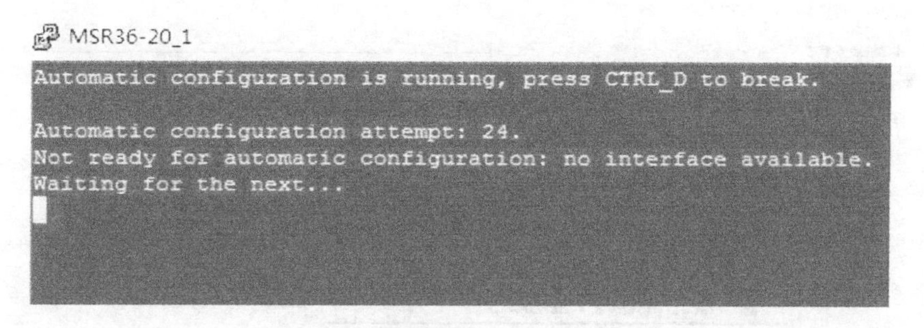

图6-13

7. 配置案例

网络拓扑如图6-14所示。

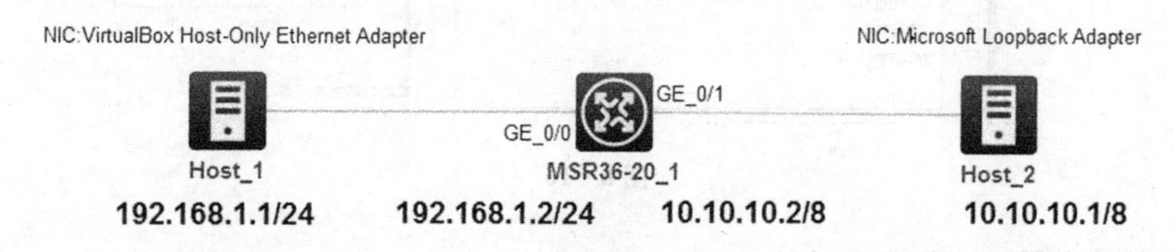

图6-14

1）给Host_1配置IP地址。单击“VirtualBox Host-Only Network”，选择“属性”命令，再选择“Internet 协议版本4（TCP/IPv4）”，如图6-15所示。

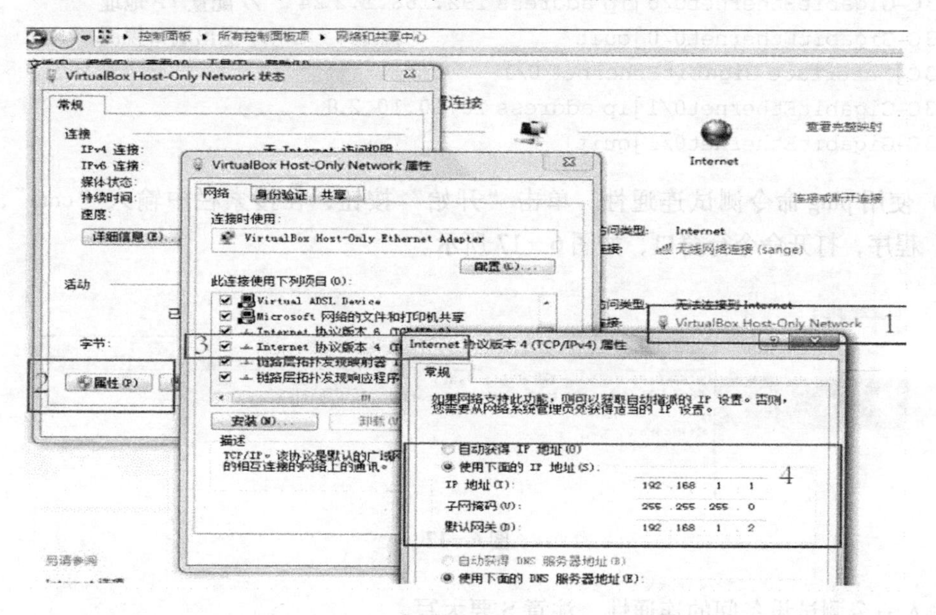

图6-15

2）给Host_2配置IP地址。单击“本地连接6”，选择“属性”命令，再选择“Internet 协议版本4（TCP/IPv4）”，如图6-16所示。

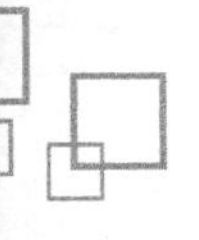

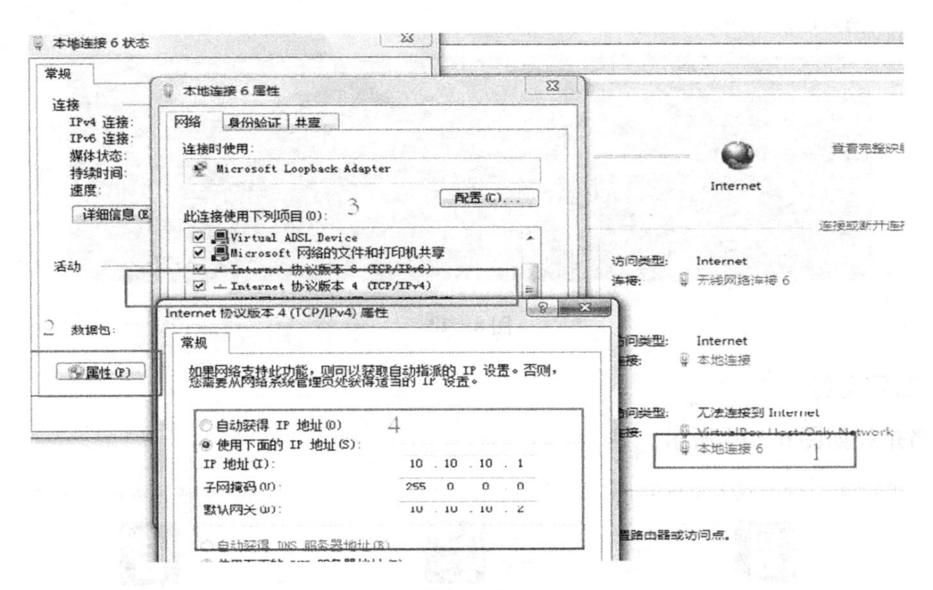

图 6-16

3）给路由器接口配置 IP 地址

```
<H3C>system-view                                        //进入系统视图
[H3C]interface GigabitEthernet 0/0                      //进入端口视图
[H3C-GigabitEthernet0/0]ip address 192.168.1.2 24      //配置 IP 地址
[H3C-GigabitEthernet0/0]quit                            //退出端口视图
[H3C]interface GigabitEthernet 0/1
[H3C-GigabitEthernet0/1]ip address 10.10.10.2 8
[H3C-GigabitEthernet0/1]quit
```

4）使用 ping 命令测试连通性。单击“开始”按钮，在搜索栏中输入“cmd”，单击“cmd”程序，打开命令行窗口，如图 6-17 所示。

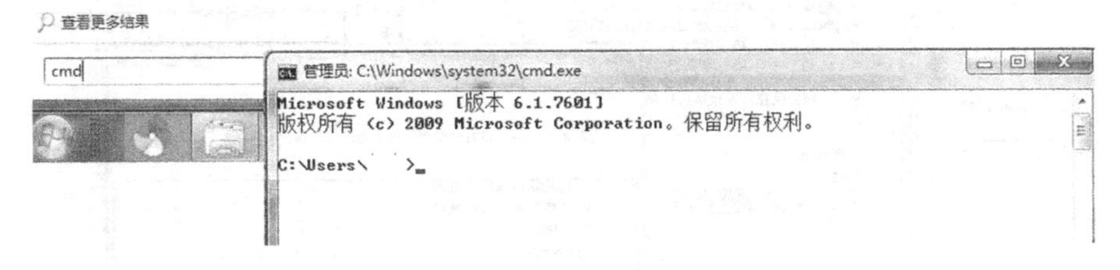

图 6-17

输入命令测试设备间的连通性，注意 S 要大写。

```
ping-S 192.168.1.1 192.168.1.2   //从源 Host_1 去 ping 目的路由器接口 G0/0
ping-S 10.10.10.1 10.10.10.2   //从源 Host_2 去 ping 目的路由器接口 G0/1
ping-S 192.168.1.1 10.10.10.2   //从源 Host_1 去 ping 目的 Host_2
```

5）查看测试结果。输入命令如果返回信息如图6－18所示，则表示互通。

```
C:\Users\lenovo>ping -S 192.168.1.1 192.168.1.2

正在 Ping 192.168.1.2 从 192.168.1.1 具有 32 字节的数据:
来自 192.168.1.2 的回复: 字节=32 时间=3ms TTL=255
来自 192.168.1.2 的回复: 字节=32 时间<1ms TTL=255
来自 192.168.1.2 的回复: 字节=32 时间<1ms TTL=255
来自 192.168.1.2 的回复: 字节=32 时间<1ms TTL=255
```

```
C:\Users\lenovo>ping -S 10.10.10.1 10.10.10.2

正在 Ping 10.10.10.2 从 10.10.10.1 具有 32 字节的数据:
来自 10.10.10.2 的回复: 字节=32 时间=1ms TTL=255
来自 10.10.10.2 的回复: 字节=32 时间<1ms TTL=255
来自 10.10.10.2 的回复: 字节=32 时间<1ms TTL=255
来自 10.10.10.2 的回复: 字节=32 时间=2ms TTL=255
```

```
C:\Users\lenovo>ping -S 192.168.1.1 10.10.10.1

正在 Ping 10.10.10.1 从 192.168.1.1 具有 32 字节的数据:
来自 10.10.10.1 的回复: 字节=32 时间=301ms TTL=63
来自 10.10.10.1 的回复: 字节=32 时间=1ms TTL=63
来自 10.10.10.1 的回复: 字节=32 时间=1ms TTL=63
来自 10.10.10.1 的回复: 字节=32 时间<1ms TTL=63
```

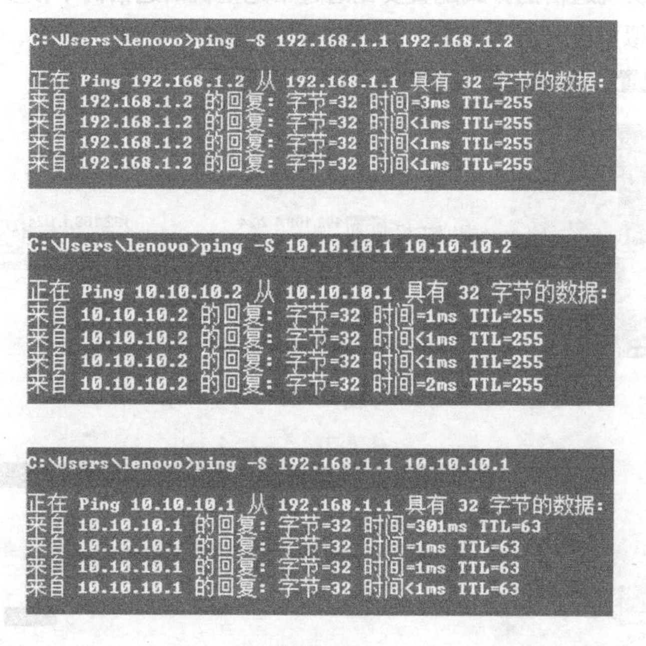

图6－18

6）排错。查看网络活动，如图6－19所示。

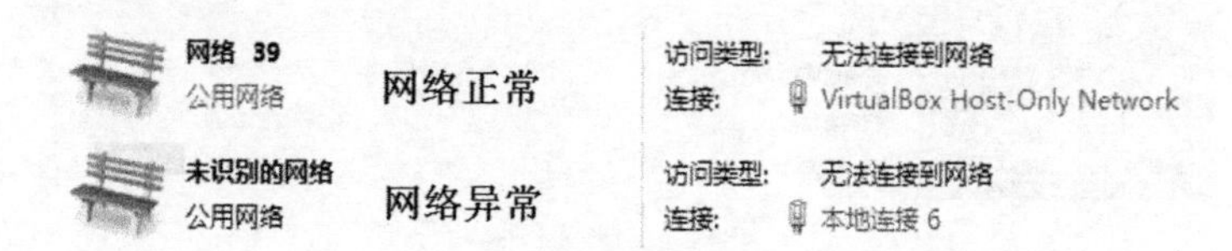

图6－19

若查看结果为“网络39”，表示网络正常；若出现“未识别的网络”，看一下IP地址是否配置正确。

如果第一步没有错误，则查看路由器接口地址有没有配置错误，可通过“display ip interface brief”这条命令查看，如图6－20所示。

```
[MSR36-20_1]display  ip interface brief
*down: administratively down
(s): spoofing  (l): loopback
Interface                 Physical Protocol IP Address       Description
GE0/0                     up       up       192.168.1.2      --
GE0/1                     up       up       10.10.10.2       --
GE0/2                     down     down     --               --
GE5/0                     down     down     --               --
GE5/1                     down     down     --               --
```

图6－20

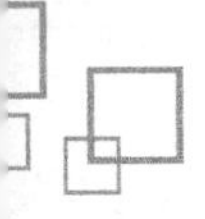

8. 通过虚拟主机实现通信。

通过虚拟主机实现通信的方式配置要比通过本地主机的通信简单很多，把虚拟主机与路由器互连之后在虚拟主机（图6-21）上“右击”，选择“启动”命令，然后在虚拟主机上“右击”，选择“配置”命令，打开如图6-22所示界面。

图6-21

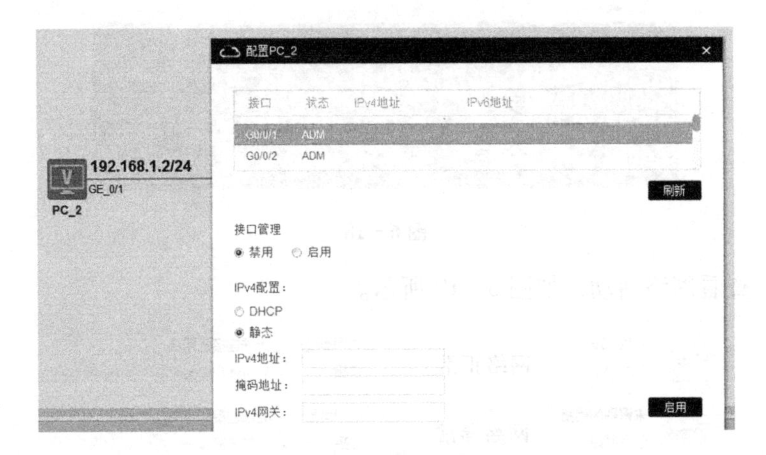

图6-22

打开界面之后因为PC_2使用的是G0/0/1接口，而“接口管理”选项默认是关闭的，选择“启用”，配置相应的IP地址，如图6-23所示。

图6-23

配置成功之后，在 PC_2 上右击，选择“启动命令行终端”，在当中执行“ping”命令，如图6－24 所示。

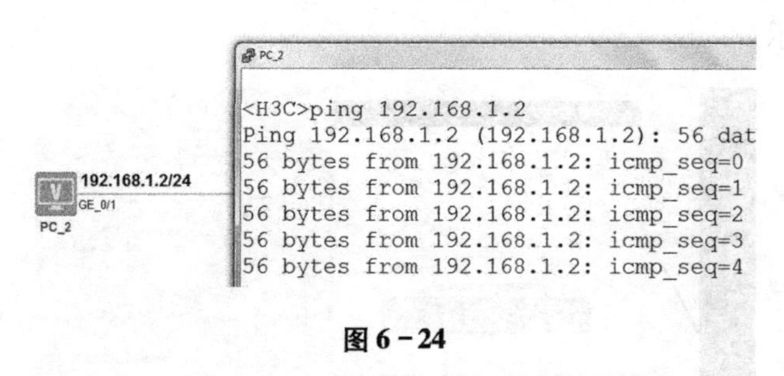

图6－24

9. H3C 相关资源

H3C 官方网站：http://www. h3c. com. cn。

H3C 命令查询工具：file:///D:/HCL/CMD-help/default: htm，或者直接单击 HCL 界面右上角的按钮，如图6－25 所示。

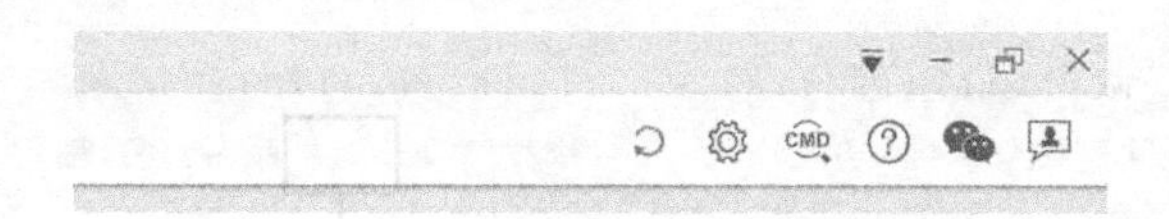

图6－25

H3C 技术甜甜圈：http://www. h3c. com. cn/MiniSite/Technology_Circle/。

6.1.3 HCL 模拟器常见问题

HCL 模拟器安装过程中，启动 HCL 后，如果出现虚拟设备启动比较慢，或者打开命令行配置界面没有任何信息，此时需要考虑安装 HCL 模拟器的 PC 机或者检查服务器是否打开的 VT-X 功能（VT-X 是硬件辅助虚拟化中的 CPU 虚拟化，是一种全虚拟化技术，让物理硬件设备支持虚拟化）。PC 或者服务器进入 BIOS，打开 CPU 虚拟化（不同型号的 PC 进入 BIOS 选项按键可能不一样，可以去对应 PC 的官网查看手册），如图6－26 所示。

图6－26

HCL 安装完成后，启动 HCL 失败，提示“VirtualBox 未安装，请先安装”或“Installation failed! Error：系统找不到指定的路径”。出现这个问题的原因可能是 VirtualBox 的安装路径不支持中文字符。此时若系统用户名中包含非 ASCII 字符，HCL 将无法启动。请

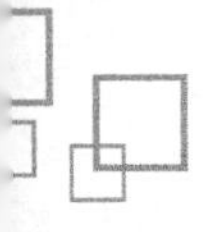

确保系统用户名和安装路径中的字符全部为 ASCII 字符。

如果 HCL 版本是 1.0 版本，需要升级成 2.0 版本，可以选择“个人中心”，进行注册登录，如图 6-27 所示。

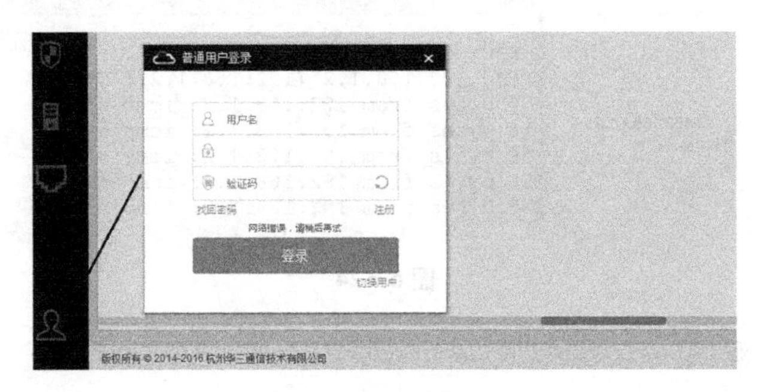

图 6-27

登录成功之后选择“检查更新”，进行版本升级，如图 6-28 所示。升级结果如图 6-29 所示。

图 6-28

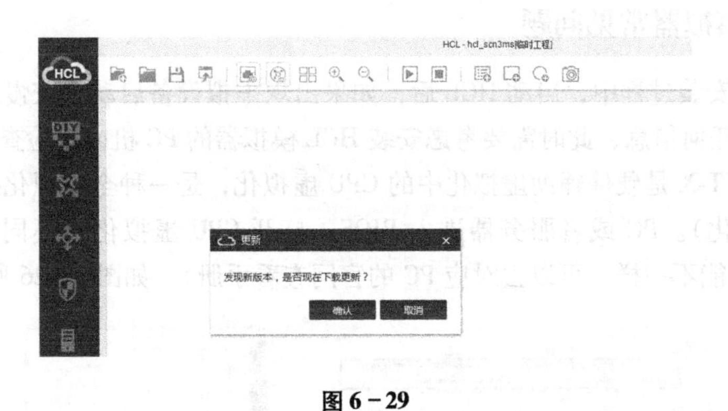

图 6-29

6.2 Wireshark

6.2.1 Wireshark 简介

Wireshark（以前称 Ethereal）是一个网络封包分析软件。网络封包分析软件的功能是撷取网络封包，并尽可能显示出最为详细的网络封包资料。Wireshark 使用 WinPCAP 作为接口，直接与网卡进行数据报文交换。

网络管理员可以使用 Wireshark 来检测网络问题，网络安全工程师可以使用 Wireshark 来检查资讯安全相关问题，开发者可以使用 Wireshark 来为新的通信协定除错，普通使用者可以使用 Wireshark 来学习网络协定的相关知识。当然，有的人也会“居心叵测”地用它来寻找一些敏感信息，比如通过抓包来窃取设备的用户名密码，后面会演示如何通过 Wireshark 来获取远程登录使用的用户名和密码。

Wireshark 不是入侵侦测系统（Intrusion Detection System，IDS）。对于网络上的异常流量行为，Wireshark 不会产生警示或是任何提示。然而，仔细分析 Wireshark 抓取的数据包能够帮助使用者对于网络行为有更清楚的了解。Wireshark 不会对网络封包产生内容的修改，它只会反映出目前流通的封包信息，其本身也不会送出封包至网络上。

总而言之，Wireshark 最大的优点是辅助工程师去进行网络排障。

6.2.2　Wireshark 的安装

Wireshark 的具体安装如图 6－30 所示。

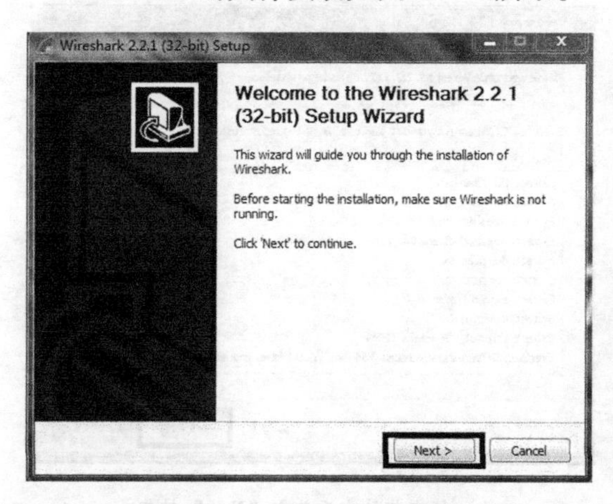

a）单击“Next”按钮进行安装

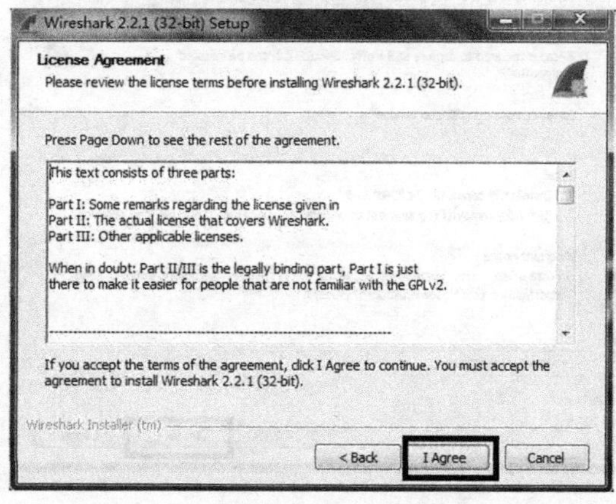

b）单击“I Agree”按钮

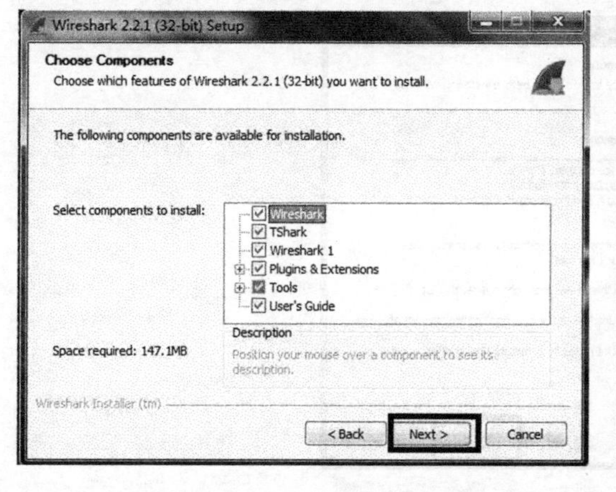

c）单击“Next”按钮，不用额外勾选多余选项

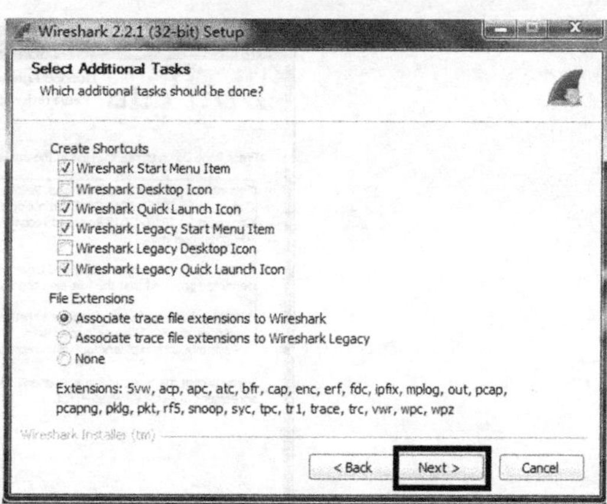

d）单击“Next”按钮，不需要进行额外勾选

图 6－30

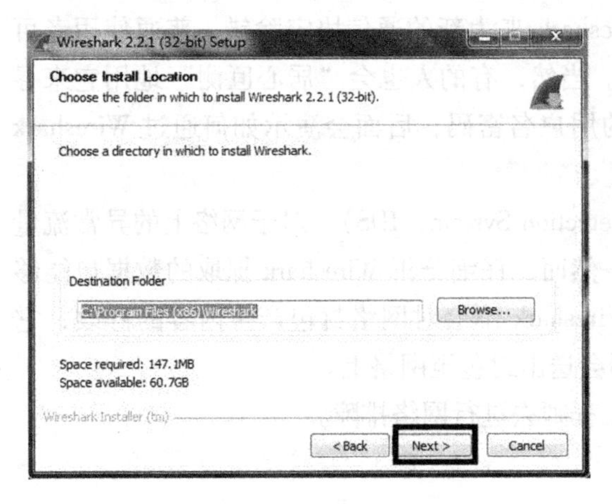

e）单击“Next”按钮

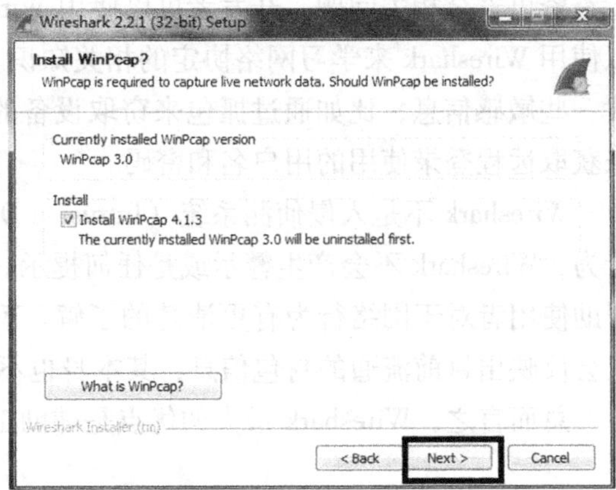

f）注意一定要运行 WinPcap

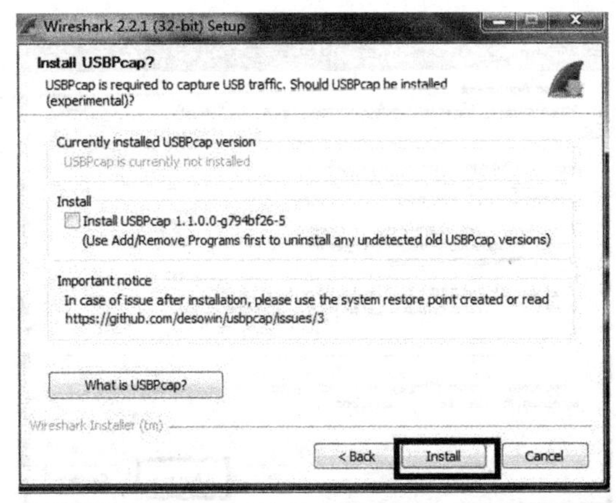

g）单击“Install”按钮

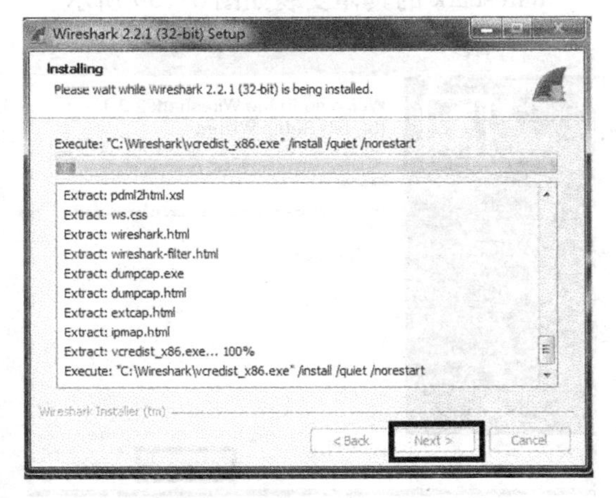

h）等安装结束后单击“Next”按钮

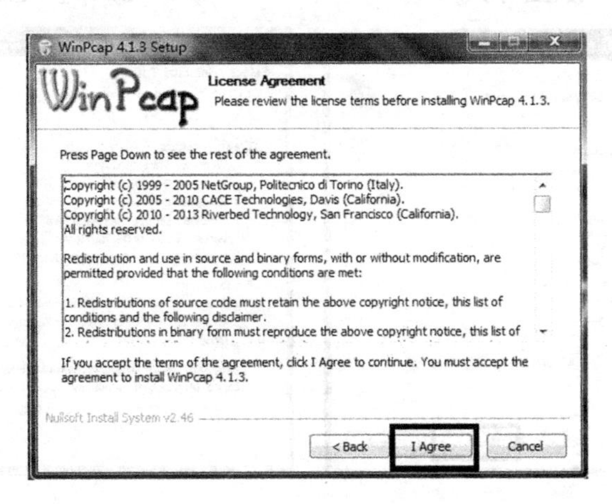

i）WinPcap 一定要安装，单击“I Agree”按钮即可

图 6-30（续）

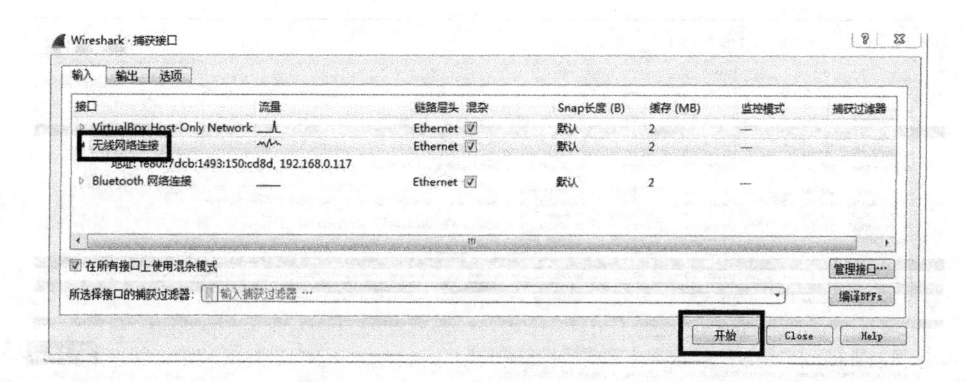

j）单击“开始”按钮即可

```
No.  Time       Source                 Destination     Protocol Length Info
  1 0.000000   192.168.0.116          192.168.0.255   NBNS     92 Name query NB ISATAP<00>
  2 0.001276   HonHaiPr_85:b8:77      Broadcast       ARP      42 Who has 192.168.0.1? Tell 192.168.0.112
  3 0.015264   fe80::f1ab:20d2:279…   ff02::1:3       LLMNR    83 Standard query 0x5e4d ANY QWE
  4 0.102180   192.168.0.107          192.168.0.255   NBNS     92 Name query NB ISATAP<00>
  5 0.103018   HonHaiPr_85:b8:77      Broadcast       ARP      42 Who has 192.168.0.1? Tell 192.168.0.112
  6 0.203467   192.168.0.117          123.151.13.228  OICQ     81 OICQ Protocol

Frame 1: 92 bytes on wire (736 bits), 92 bytes captured (736 bits) on interface 0
Ethernet II, Src: IntelCor_48:48:98 (60:67:20:48:48:98), Dst: Broadcast (ff:ff:ff:ff:ff:ff)
Internet Protocol Version 4, Src: 192.168.0.116, Dst: 192.168.0.255
User Datagram Protocol, Src Port: 137, Dst Port: 137
NetBIOS Name Service

0000  ff ff ff ff ff ff 60 67  20 48 48 98 08 00 45 00   ......`g HH...E.
0010  00 4e 6a e5 00 00 40 11  8c f6 c0 a8 00 74 c0 a8   .Nj...@. .....t..
0020  00 ff 00 89 00 89 00 3a  35 26 ff 0a 01 10 00 01   .......: 5&......
0030  00 00 00 00 00 00 20 45  4a 46 44 45 42 46 45 45   ...... E JFDEBFEE
0040  42 46 41 43 41 43 41 43  41 43 41 43 41 43 41 43   BFACACAC ACACACAC
0050  41 43 41 43 41 41 41 00  00 20 00 01              ACACAAA. . ..
```

k）运行界面

图6-30（续）

6.2.3 Wireshark的使用

下面来看一下如何通过HCL模拟器来关联Wireshark运行在接口下抓包，从而获取用于设备远程登录的用户名和密码。

首先，按照图6-31所示配置地址，命令如下：

```
Client:192.168.1.1 24
Server:192.168.1.2 24
```

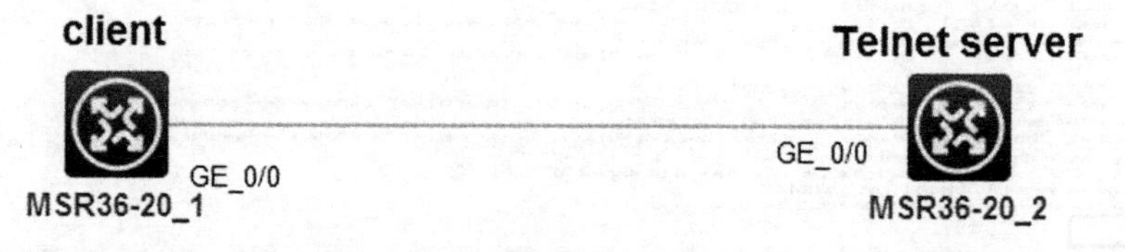

图6-31

对G0/0抓包，接着查看抓包信息，如图6-32所示。

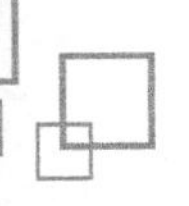

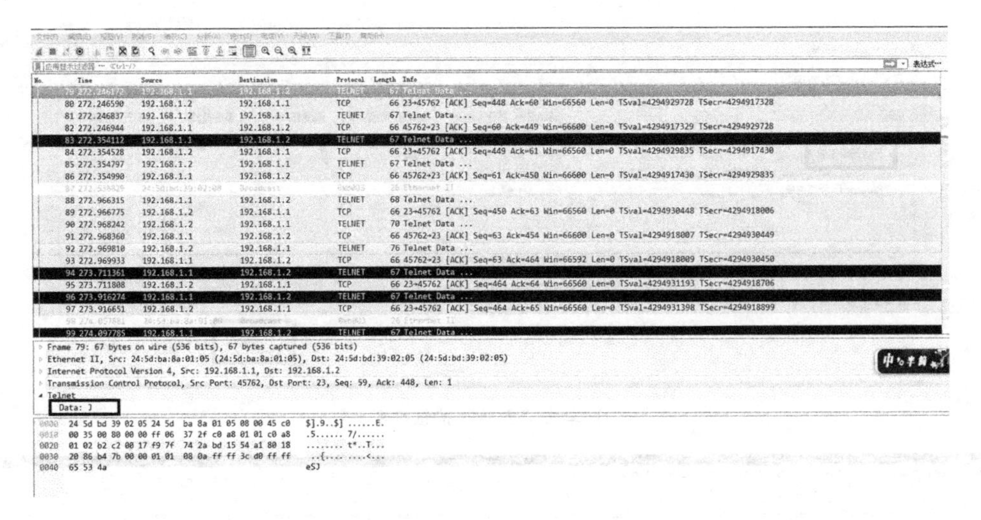

a）用户名中第一个字符“J”已经出来

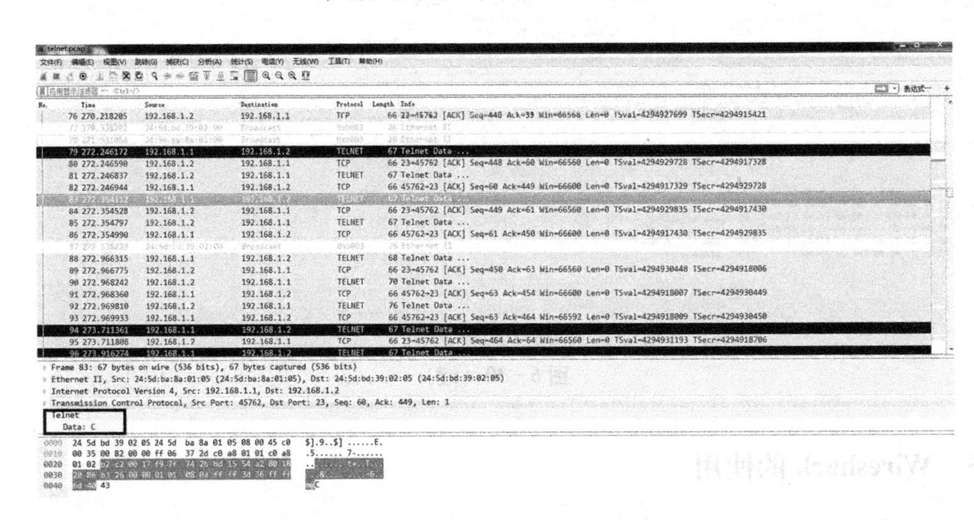

b）用户名中第二个字符“C”也已经出来

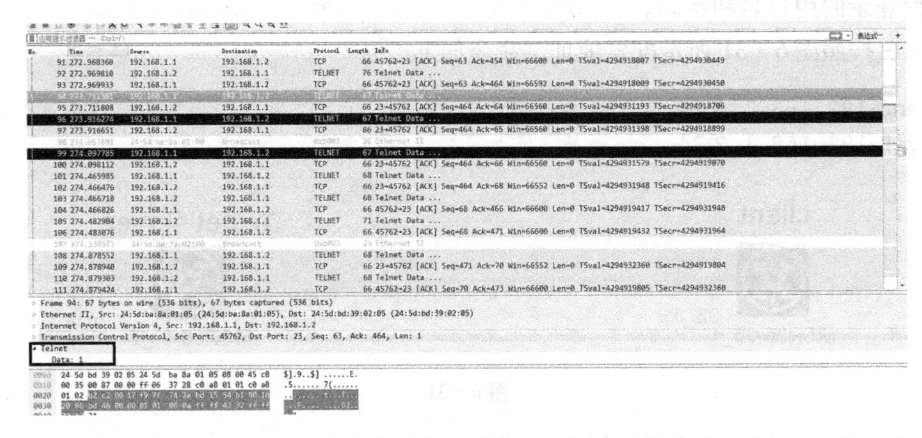

c）密码中第一个字符“1”已经出来

图 6－32

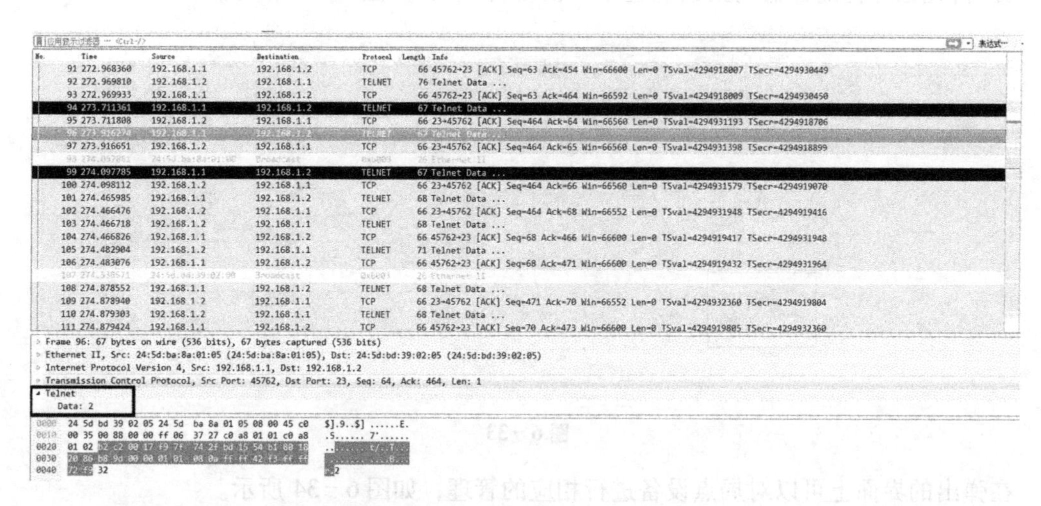

d）密码中第二个字符“2”也已经出来

e）密码中最后一个字符“3”也出来了

图 6－32（续）

至此抓包结束，获取到的用户名是“JC”，密码是“123”。

6.3 标杆的神器

标杆的神器是由 H3C 出品的一款网络管理软件，用户平时可以用 H3C 认证的工程师账号以普通用户的身份来登录，使用其中的部分模块，下面简要介绍其所支持的相关功能。

首先登录 http://www.h3c.com.cn/，依次选择“首页”→“服务与支持”→“软件下载”→“其他产品”→“华三软件标杆的神器”，进行软件下载。下载注册完成以后就可以去使用其中的组件。

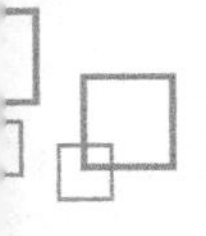

1）首先在标杆的神器的桌面上选择“设备管理”，如图 6－33 所示。

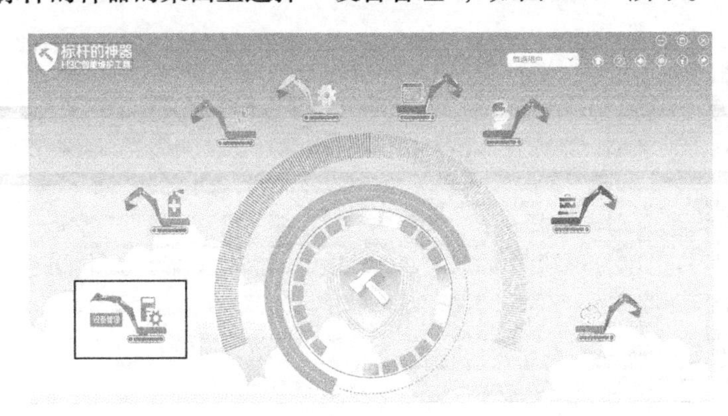

图 6－33

在弹出的界面上可以对局点设备进行相应的管理，如图 6－34 所示。

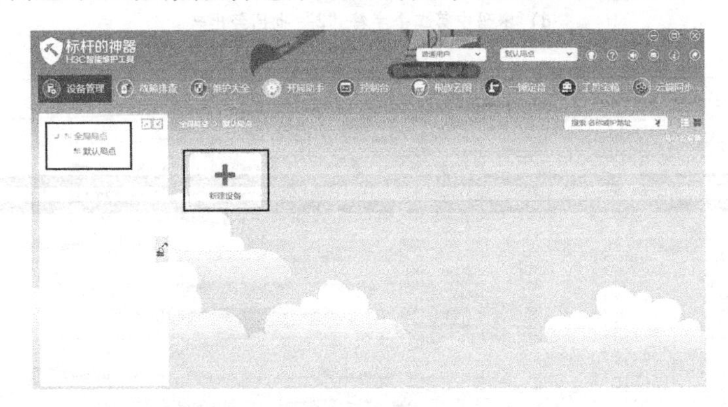

图 6－34

选择新建设备之后，选择登录设备的方式，如图 6－35 所示。

在默认局点节点下添加设备
基本信息
设备类型 路由器　协议类型 Telnet　使用代理
设备名称 nanjing_r2　设备地址 192.168.2.213　设备可获得管理员权限
同步设备名称　设备端口 23
连接信息
用户名 Jiance　密码 ••••••　管理员密码
确定　取消

图 6－35

这样就可以对局点的设备进行相应的管理，如图 6－36 所示。

2）如果局点设备配置有问题，可以通过“故障排查”来检查设备故障，如图 6－37 所示。

图 6-36

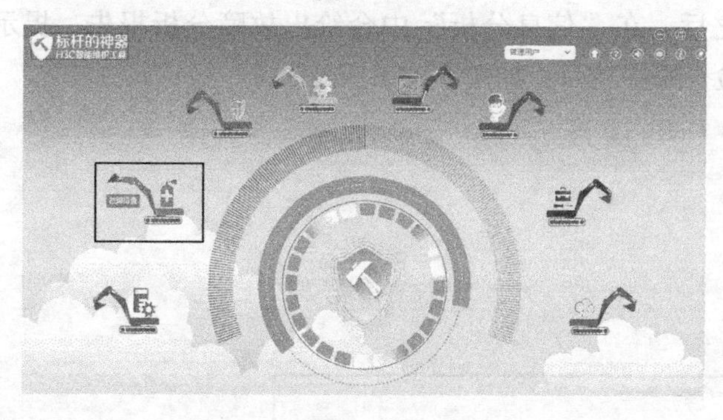

图 6-37

背景：两台路由器配置OSPF之后，开启OSPF验证功能，但两台路由器验证密码不一致，导致邻居关系建立不起来，可以选择“故障检查”中的“选择设备”，如图6-38所示。

在“选择脚本”中选择“公共协议”→“OSPF故障排查”，如图6-39所示。

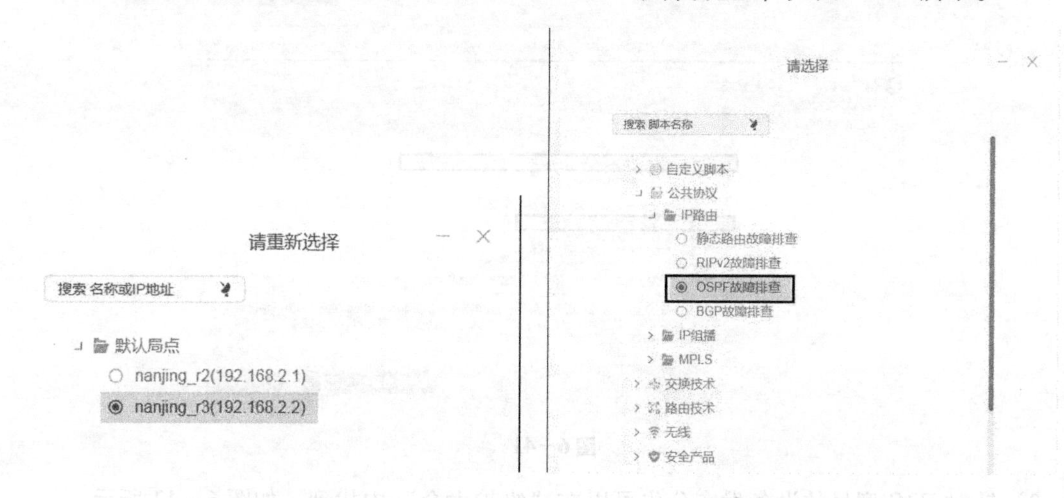

图 6-38　　**图 6-39**

在弹出的页面中输入“router id”等信息，如图 6－40 所示。

选择故障设备 nanjing_r3
选择故障类型 OSPF故障排查
确定前置条件
对端设备router id： 1.1.1.1
选择interface接口： Ethernet0/0
目的网段地址/掩码： 192.168.1.0/24
确定

图 6－40

选择“执行”之后，在“信息分析”中会给出故障分析报告，提示 OSPF 邻居关系没有建立成功，需要检查哪些项目，如图 6－41 所示。

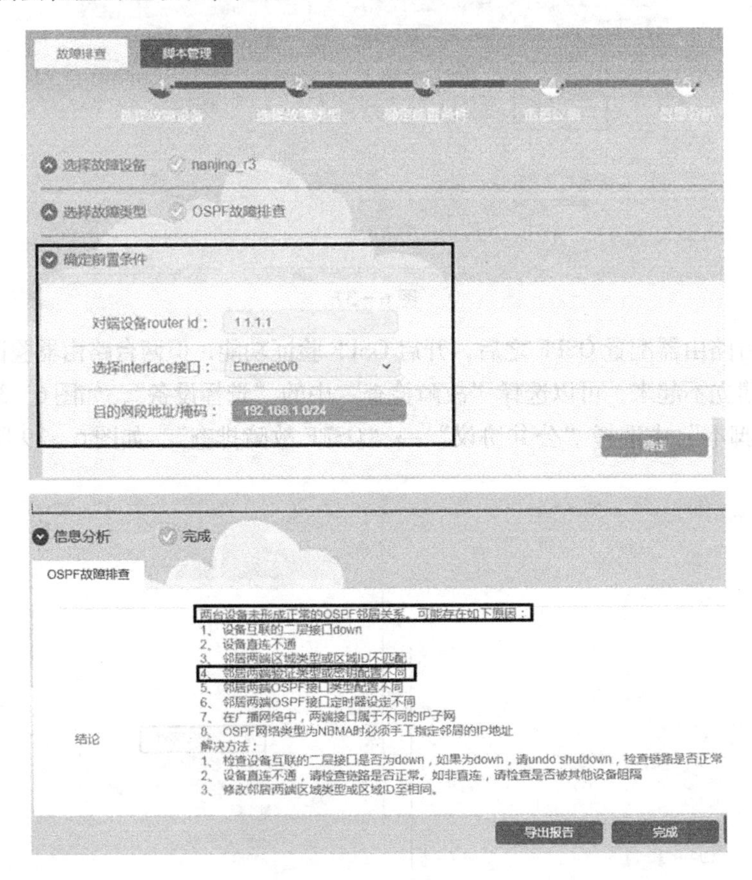

图 6－41

3）针对 H3C 型号的设备发布公告可以在“维护大全”中找到，如图 6－42 所示。

图 6-42

把节点设备加入之后，会查看到针对特定设备发布的公告信息，辅助工程师在设备运维工程中了解 H3C 针对设备常见故障的提示，如图 6-43 所示。

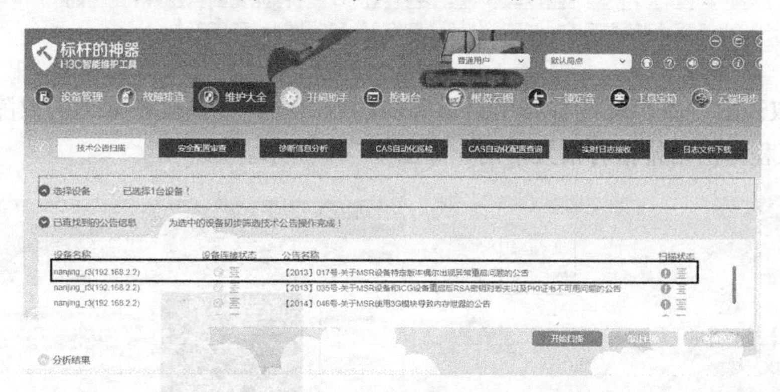

图 6-43

4）在“开局助手”中可以对设备配置进行备份，对版本进行相应的升级工作，节省了大量配置 FTP 或者 TFTP 上传版本的时间，如图 6-44 所示。

可以对设备操作系统版本进行升级，例如 PC 本地有一个名为 msr. bin 的操作系统，如图 6-45 所示。

图 6-44

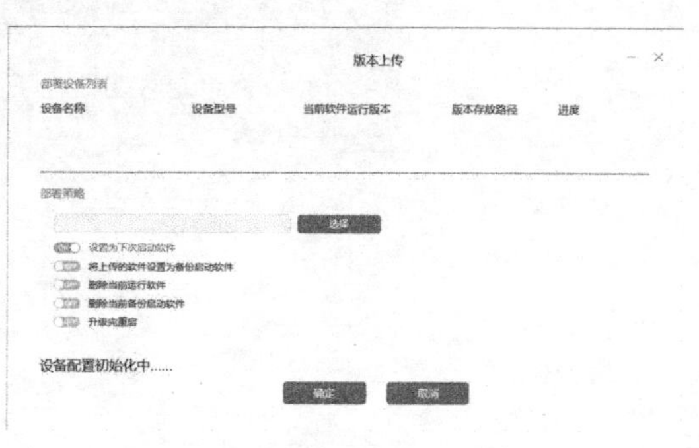

图 6-45

选择相应操作系统版本，如下所示：

最终发现操作系统版本已经上传到设备中，设备下次开机会以新的系统版本开机。

```
<nanjing_r3>dir
Directory of cfa0:/

   0     drw-           -  Jun 09 2012 01:40:40   logfile
   1     -rw-       16256  Jan 22 2014 15:12:28   p2p_default.mtd
   2     -rw-       18139  Feb 14 2017 09:49:52   config.cwmp
   3     -rw-          33  Feb 14 2017 09:49:52   system.xml
   4     drw-           -  Aug 12 2014 11:34:26   j
   5     -rw-      120678  Apr 10 2016 14:37:20   default.diag
   6     -rw-    18494008  Oct 14 2014 11:55:02   msr20-cmw520-r1809p01-si.bin
   7     -rw-    18494008  Dec 25 2015 10:10:04   ll.bin
   8     drw-           -  Aug 12 2014 11:40:50   12
   9     -rw-           0  Oct 10 2014 14:08:02   9
  10     -rw-        1032  Apr 12 2016 13:00:56   123321.cfg
  11     -rw-         968  Feb 14 2017 09:49:54   startup.cfg
  12     -rw-    18494008  Mar 14 2017 14:38:38   msr.bin

252164 KB total (171840 KB free)

File system type of cfa0: FAT32

<nanjing_r3>
```

```
<nanjing_r3>display boot-loader
 The boot file used at this reboot:cfa0:/ll.bin attribute: main
 The boot file used at the next reboot:cfa0:/msr.bin attribute: main
 The boot file used at the next reboot:cfa0:/~/ll.bin attribute: backup
 Failed to get the secure boot file used at the next reboot!
<nanjing_r3>
```

5）“根叔云图”是标杆的神器里最重要的功能之一，一些设备常见的故障排错会在里面呈现，对工程师网络排错有很大帮助，如图 6－46 所示。

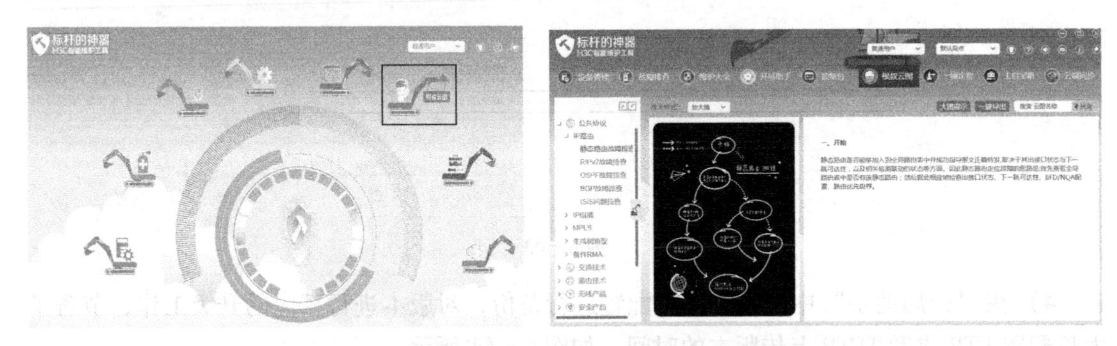

图 6－46

6）在软件首页有一个控制台，控制台中有一个组件叫作“工具宝箱”，如图 6－47 所示。

图 6－47

在工具宝箱中有一个子网划分工具。以前在进行子网划分的时候，要借助纸笔手工计算，现在可以借助软件来实现高效率、高精准度的计算，如图 6－48 所示。

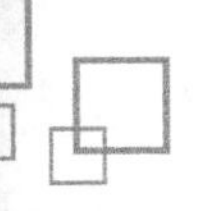

图6-48

以192.168.1.0/24为例，想要划分4个子网出来，很显然掩码长度要调整成26位，如图6-49所示。

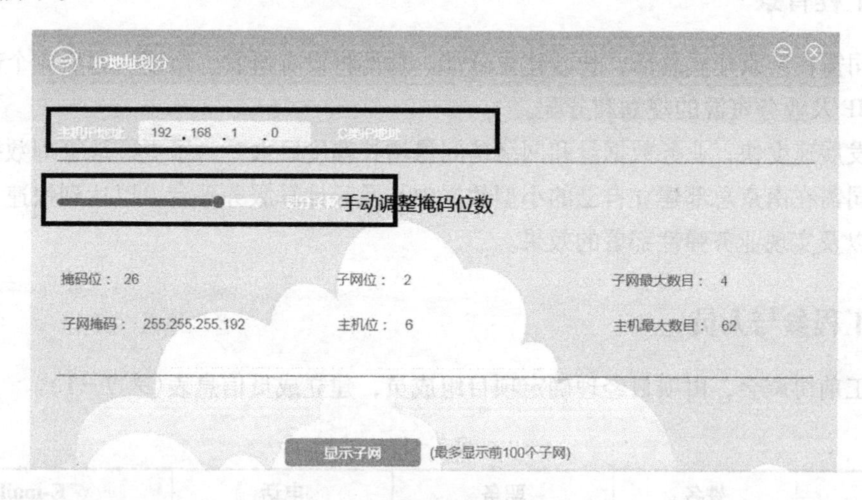

图6-49

下面只需要单击显示子网，就会调用文本文档来显示结果。此时杀毒软件可能会报警，提示程序要调用文本，请单击“允许”按钮，或者直接退出杀毒软件。

计算结果如图6-50所示。

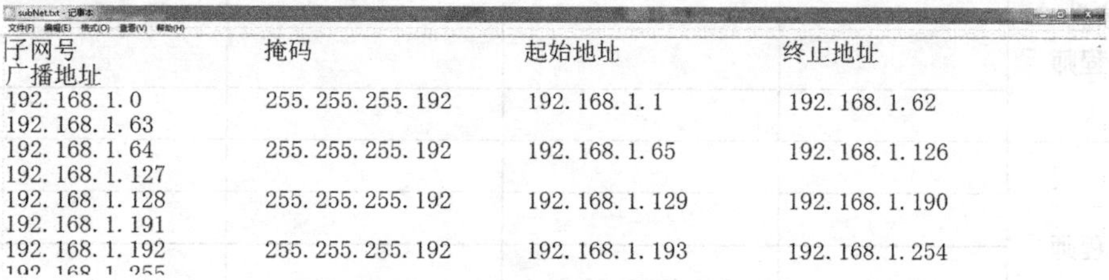

子网号	掩码	起始地址	终止地址	广播地址
192.168.1.0	255.255.255.192	192.168.1.1	192.168.1.62	192.168.1.63
192.168.1.64	255.255.255.192	192.168.1.65	192.168.1.126	192.168.1.127
192.168.1.128	255.255.255.192	192.168.1.129	192.168.1.190	192.168.1.191
192.168.1.192	255.255.255.192	192.168.1.193	192.168.1.254	192.168.1.255

图6-50

标杆的神器这款软件还有很多有趣、实用的组件需要读者去研究。如果能够对这些组件运用熟练的话，会对以后的工程师工作有很大的帮助。

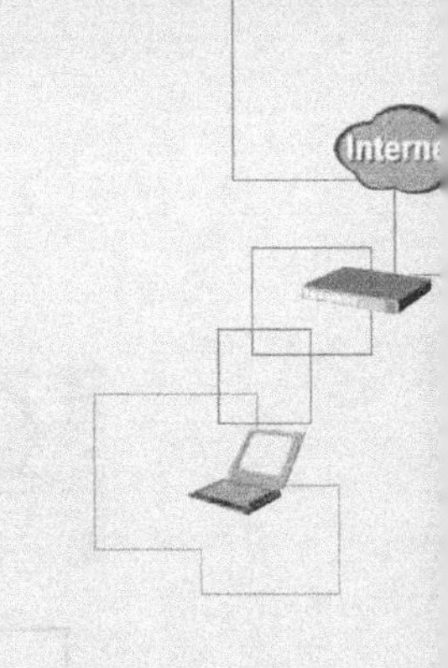

第 7 章 工程项目案例

7.1 工程前期准备

7.1.1 工程背景

某公司需在南京建立总部，长沙建立分部。总部将设有研发、市场、售后 3 个部门，需统一进行 IP 及业务资源的规划和分配。

公司发展速度快，业务数据量和网络访问量增长幅度巨大。为了更好地管理数据、提供服务，公司需在南京总部建立自己的小型数据中心及云计算服务平台，以达到快速、可靠交换数据，以及实现业务弹性部署的效果。

7.1.2 工程参与人员

召开工前协调会，由项目经理确定项目组成员，建立成员信息表(表 7－1)。

表 7－1

<table>
<tr><th>单位</th><th>姓名</th><th>职务</th><th>电话</th><th>E-mail</th></tr>
<tr><td rowspan="3">项目经理</td><td></td><td></td><td></td><td></td></tr>
<tr><td></td><td></td><td></td><td></td></tr>
<tr><td></td><td></td><td></td><td></td></tr>
<tr><td rowspan="4">企业信息中心工程师</td><td></td><td></td><td></td><td></td></tr>
<tr><td></td><td></td><td></td><td></td></tr>
<tr><td></td><td></td><td></td><td></td></tr>
<tr><td></td><td></td><td></td><td></td></tr>
<tr><td rowspan="4">厂商工程师</td><td></td><td></td><td></td><td></td></tr>
<tr><td></td><td></td><td></td><td></td></tr>
<tr><td></td><td></td><td></td><td></td></tr>
<tr><td></td><td></td><td></td><td></td></tr>
<tr><td rowspan="2">代理商施工方工程师</td><td></td><td></td><td></td><td></td></tr>
<tr><td></td><td></td><td></td><td></td></tr>
</table>

工前协调会必须输出会议纪要，并且签字确认(图 7－1)。

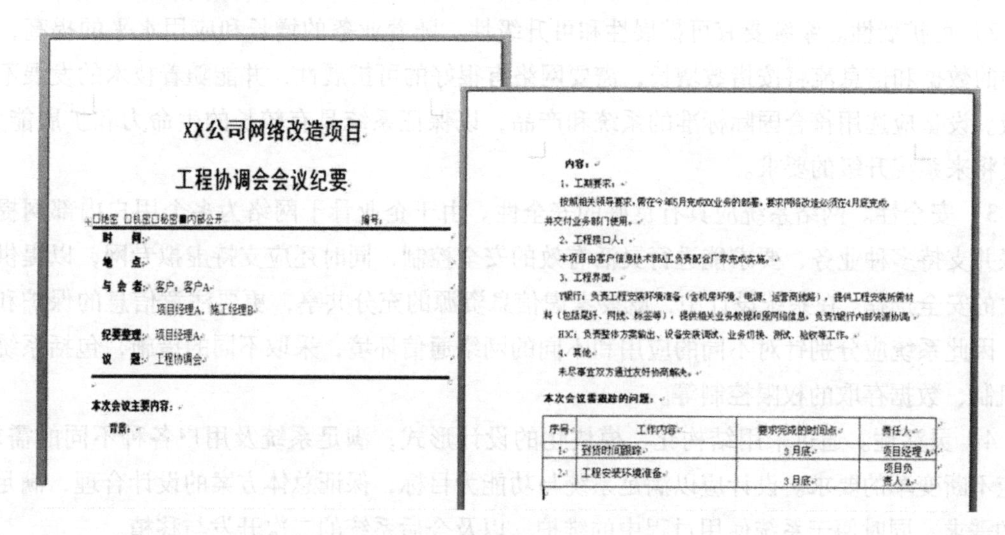

XX公司网络改造项目

工程协调会会议纪要

□绝密 □机密□秘密■内部公开　　　　编号：

时　间：

地　点：

与 会 者：客户：客户A

项目经理A，施工经理B

纪要整理：项目经理A

议　题：工程协调会

本次会议主要内容：

背景：

内容：

1、工期要求：

按照相关领导要求，需在今年5月完成XX业务的部署，要求网络改造必须在4月底完成，并交付业务部门使用。

2、工程接口人：

本项目由客户信息技术部A工负责配合厂家完成实施。

3、工程界面：

Y银行：负责工程安装环境准备（含机房环境、电源、运营商线路），提供工程安装所需材料（包括尾纤、网线、标签等），提供相关业务数据和原网络信息，负责Y银行内部资源协调。

H3C：负责整体方案输出、设备安装调试、业务切换、测试、验收等工作。

4、其他

未尽事宜双方通过友好协商解决。

本次会议需跟踪的问题：

序号	工作内容	要求完成的时间点	责任人
1	到货时间跟踪	3 月底	项目经理 A
2	工程安装环境准备	3 月底	项目负责人 A

图 7－1

7.1.3　制订项目计划

项目计划表见表 7－2。

表 7－2

序　号	节　点	方案输出			工程环境准备			到货验收			安装调试		
		计划完成时间	实际完成时间	责任人	计划完成时间	实际完成时间	责任人	计划完成时间	实际完成时间	责任人	计划完成时间	实际完成时间	责任人
1	南京												
2	长沙												

7.2 工程方案设计

7.2.1　拓扑结构规划

企业网建设需要根据自身的实际情况来制定网络设计原则。尽管每个企业的需求不同，搭建的网络也不尽相同，但是无论怎样设计都要符合以下几点要求：

1）可靠性。网络必须是可靠的，包括网元级，如引擎、风扇、单板等的可靠性，以及网络级，如路由、交换的汇聚，链路冗余，负载均衡等的可靠性。网络必须具有足够高的性

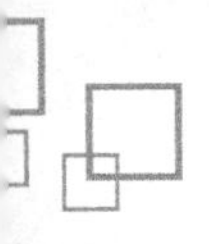

能，满足业务的需要。

2）可扩展性。系统要有可扩展性和可升级性。随着业务的增长和应用水平的提高，网络中的数据和信息流将按指数增长，需要网络有很好的可扩展性，并能随着技术的发展不断升级。设备应选用符合国际标准的系统和产品，以保证系统具有较长的生命力和扩展能力，满足将来系统升级的要求。

3）安全性。网络系统应具有良好的安全性。由于企业骨干网络为多个用户内部网提供互联并支持多种业务，要求能进行灵活有效的安全控制，同时还应支持虚拟专网，以提供多层次的安全选择。在系统设计中，既要考虑信息资源的充分共享，更要注意信息的保护和隔离，因此系统应分别针对不同的应用和不同的网络通信环境，采取不同的措施，包括系统安全机制、数据存取的权限控制等。

4）灵活性。通过采用结构化、模块化的设计形式，满足系统及用户各种不同的需求，适应不断变革的要求。设计应以满足系统与功能为目标，保证总体方案的设计合理，满足用户的需求，同时便于系统使用过程中的维护，以及今后系统的二次开发与移植。

5）网络分层思想。本网络设计的主要目标是实现南京总部和长沙分部业务对接，同时适应未来企业网应用发展的需求。方案设计中南京总部结构是由核心层、接入层组成。设计必须确保核心层具有容错功能，因为核心层故障将影响网络中的所有用户。

本次案例的拓扑图如图7－2所示：

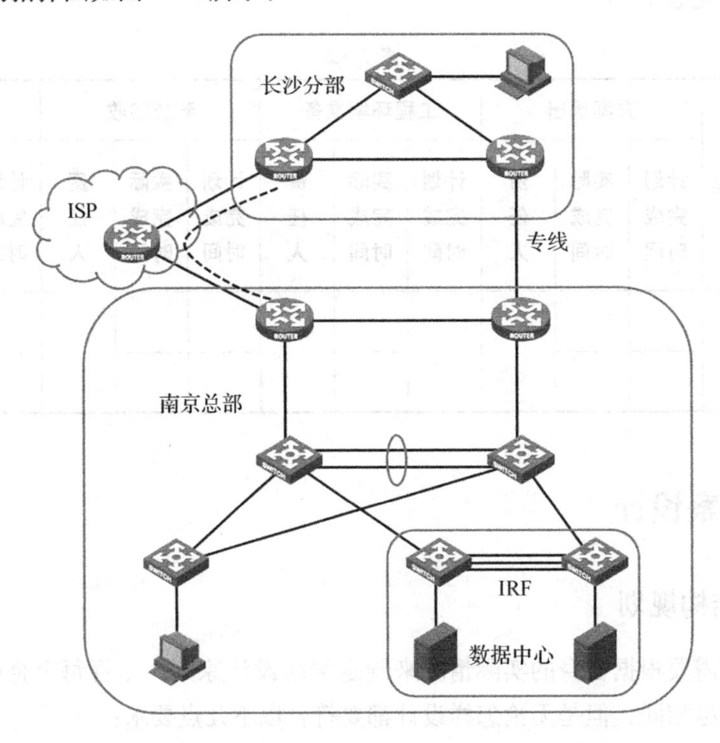

图7－2

7.2.2　设备清单及命名

1. 设备清单

设备清单见表7-3

表7-3

位　置	产品型号	产品描述	数　量	备　注
数据中心	S7500E	高性能端口扩展能力，支持IRF2和IRF3虚拟化，支持通过TRILL技术和纵向虚拟化技术来进行数据中心大二层网络的构建，多重可靠性保护		
接入层	S5560-EI	提供高性能、大容量的交换服务，并支持10GE/40Gbit/s的上行接口，为接入设备提供更高的带宽		
核心层	S7600X	融合MPLS VPN、IPv6、应用安全、应用优化，无线等多种网络业务，提供不间断转发、不间断升级、优雅重启、环网保护等多种高可靠技术，在提高用户生产效率的同时，保证网络最大正常运行时间，从而降低客户的总拥有成本（TCO）		
核心层	SR8812	SR8800系列路由器作为高处理性能的高端路由器，可充分应用在骨干层、大型园区网核心以及城域网的核心位置。支持IRF 2.0技术，符合未来云计算网络的虚拟化要求		

2. 网络设备命名

网络设备的命名原则是便于识别和记忆。例如，位于网络中心的一台H3C S7600交换机，命名为NJ-HX_SW-7600-01。

其中：“NJ”表示“南京总部”；“CS”表示“长沙分部”；“HX”表示“核心”；“JR”表示“接入”；“SJZX”表示“数据中心”；“SW7600”表示“设备类型”（设备代号RT表示路由器，SW表示交换机）；“01”表示“设备编号”（从00~99）。

3. 接口描述命名

接入交换机S5560与核心交换机互联接口。例如，description TO NJ-HX_SW-7600-GE0/1/1。其中，NJ_HX是设备物理位置（南京核心层）；SW-7600是设备类型；GE0/1/1是链路类型。

实际项目中根据上面的规则对接口进行描述，制作标签。

注意：为了方便记忆学习，本案例在介绍时以拓扑图中的设备名字为准，在实际项目实施时要按照表7-4中的规定进行命名。

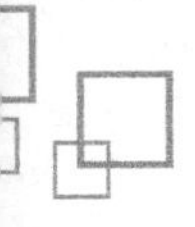

表 7-4

拓扑图中设备名称	项目中主机名（Sysname 名）	说　　明
SW3	NJ-JR_SW-5560-01	总部接入交换机
SW1	NJ-HX_SW-7600-01	总部核心交换机 1
SW2	NJ-HX_SW-7600-02	总部核心交换机 2
SW4	NJ-SJZX_SW-7500-01	总部数据中心交换机 1
SW5		总部数据中心交换机 2
RT1	NJ-HX_SR8812-01	总部路由器 1
RT2	NJ-HX_SR8812-02	总部路由器 2
RT3	CS-HX_SR8812-01	分中心路由器 1
RT4	CS-HX_SR8812-02	分中心路由器 2
SW6	CS-JR_SW-5560-01	分中心交换机 1

7.2.3　技术分析

1. IP 地址规划及 VLAN 规划

（1）IP 地址规划

地址分配原则：唯一性、简单性、连续性、可扩充性、灵活性、可管理性。

参照以上分配原则，在具体分配地址时使用以下技术手段或方法：

1）采用可变长度的掩码技术（VLSM）。

2）局域网设备管理 IP 使用单独网段，并适当留有余地，便于网络扩充时能够使用连续地址。

设备互联地址使用 172.16.0.0/16 网段，南京总部数据中心使用 172.18.0.0/16 网段，南京总部普通业务使用 172.17.0.0/16 网段，长沙分部使用 172.19.0.0/16 网段。IP 地址规划见图 7-3。

（2）VLAN 划分

常见的划分方式一般基于业务、基于地域。此工程结合业务需求和区域划分进行 VLAN 规划。总部核心设备互联 VLAN 采用 VLAN10X，总部普通业务 VLAN 采用 VLAN100X，总部数据中心业务 VLAN 采用 VLAN200X，长沙设备互联 VLAN 采用 VLAN20X，长沙分部业务 VLAN 采用 VLAN300X 进行划分。

图 7-4 的端口规划是以 HCL 模拟器中设备的端口进行规划，详细规则信息见表 7-5。

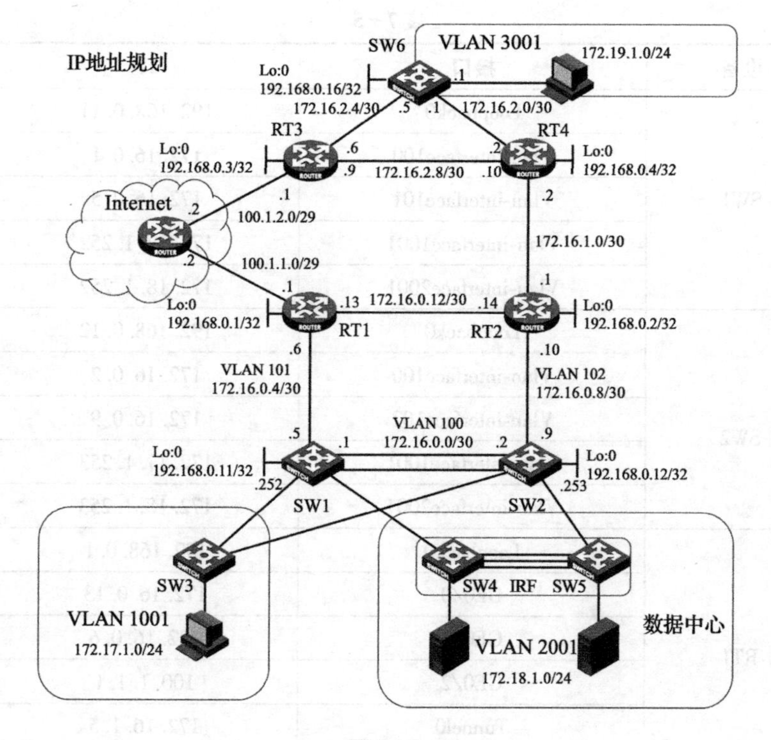
IP地址规划
SW6
VLAN 3001
172.19.1.0/24
Lo:0
192.168.0.16/32
.1
172.16.2.4/30
.5
.1
172.16.2.0/30
RT3
RT4
Lo:0
192.168.0.3/32
.6
.9
172.16.2.8/30
.2
.10
Lo:0
192.168.0.4/32
Internet
.2
.1
100.1.2.0/29
.2
172.16.1.0/30
.2
100.1.1.0/29
.1
.1
Lo:0
192.168.0.1/32
.13
172.16.0.12/30
.14
Lo:0
192.168.0.2/32
RT1
RT2
.6
.10
VLAN 101
172.16.0.4/30
VLAN 102
172.16.0.8/30
VLAN 100
172.16.0.0/30
.5
.1
.2
.9
Lo:0
192.168.0.11/32
Lo:0
192.168.0.12/32
.252
.253
SW1
SW2
SW3
SW4
IRF
SW5
VLAN 1001
172.17.1.0/24
VLAN 2001
172.18.1.0/24
数据中心

图 7－3

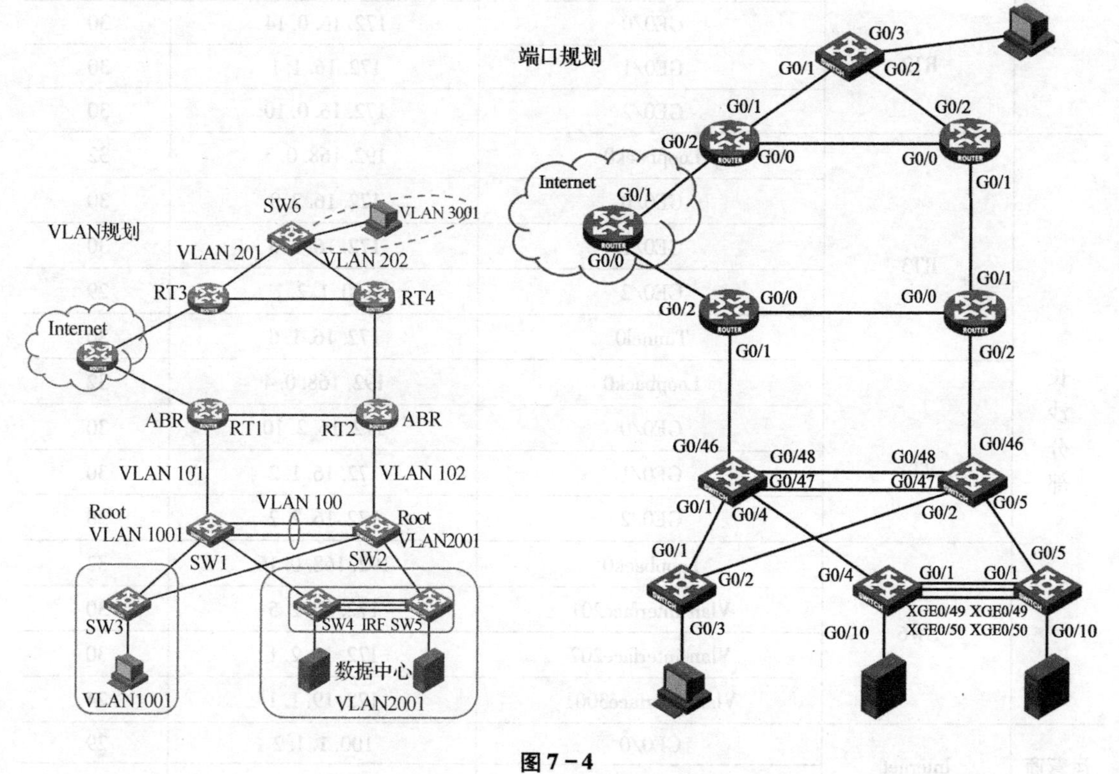
VLAN规划
SW6
VLAN 3001
VLAN 201
VLAN 202
RT3
RT4
Internet
ABR
RT1
RT2
ABR
VLAN 101
VLAN 102
VLAN 100
Root
VLAN 1001
Root
VLAN2001
SW1
SW2
SW3
SW4 IRF SW5
数据中心
VLAN1001
VLAN2001
端口规划
G0/3
G0/1
G0/2
G0/1
G0/2
G0/2
G0/0
G0/0
Internet
G0/1
G0/1
G0/0
G0/1
G0/2
G0/0
G0/0
G0/1
G0/2
G0/46
G0/48
G0/48
G0/46
G0/47
G0/47
G0/1
G0/4
G0/2
G0/5
G0/1
G0/2
G0/4
G0/1
G0/1
G0/5
XGE0/49 XGE0/49
XGE0/50 XGE0/50
G0/3
G0/10
G0/10

图 7－4

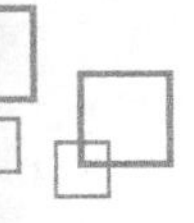

表 7-5

网络	设备	接口	IP	Mask
南京总部	SW1	Loopback0	192. 168. 0. 11	32
		Vlan-interface100	172. 16. 0. 1	30
		Vlan-interface101	172. 16. 0. 5	30
		Vlan-interface1001	172. 17. 1. 252	24
		Vlan-interface2001	172. 18. 1. 252	24
	SW2	Loopback0	192. 168. 0. 12	32
		Vlan-interface100	172. 16. 0. 2	30
		Vlan-interface102	172. 16. 0. 9	30
		Vlan-interface1001	172. 17. 1. 253	24
		Vlan-interface2001	172. 18. 1. 253	24
	RT1	Loopback0	192. 168. 0. 1	32
		GE0/0	172. 16. 0. 13	30
		GE0/1	172. 16. 0. 6	30
		GE0/2	100. 1. 1. 1	29
		Tunnel0	172. 16. 1. 5	30
	RT2	Loopback0	192. 168. 0. 2	32
		GE0/0	172. 16. 0. 14	30
		GE0/1	172. 16. 1. 1	30
		GE0/2	172. 16. 0. 10	30
长沙分部	RT3	Loopback0	192. 168. 0. 3	32
		GE0/0	172. 16. 2. 9	30
		GE0/1	172. 16. 2. 6	30
		GE0/2	100. 1. 2. 1	29
		Tunnel0	172. 16. 1. 6	30
	RT4	Loopback0	192. 168. 0. 4	32
		GE0/0	172. 16. 2. 10	30
		GE0/1	172. 16. 1. 2	30
		GE0/2	172. 16. 2. 2	30
	SW6	Loopback0	192. 168. 0. 16	32
		Vlan-interface201	172. 16. 2. 5	30
		Vlan-interface202	172. 16. 2. 1	30
		Vlan-interface3001	172. 19. 1. 1	24
运营商	Internet	GE0/0	100. 1. 1. 2	29
		GE0/1	100. 1. 2. 2	29

2. IRF2 规划

数据中心交换机需要实现虚拟化。交换机支持的虚拟化技术为 IRF，并使用 BFD 进行 MAD（多活检测）。所配置的参数要求如下：

1）Sysname 名称为 NJ。

2）IRF Domain 值为 20。

3）SW4 的 member ID 为 1，SW5 的 member ID 为 2。

4）SW4 为 IRF 中的主设备，优先级值为 20。

5）MAD 所使用的端口为交换机的 G1/0/1 端口，检测 IP 为 10.0.0.1/30（member 1）和 10.0.0.2/30（member 2），检测 VLAN 为 2999。

3. MSTP 及 VRRP 规划

客户对总部局域网设计提出明确要求，希望出现链路故障时，局域网能够迅速收敛。这里设计双上行链路提高链路可靠性，并且设计通过 MSTP 进行消除环路，通过 VRRP 技术实现网关冗余备份。

具体规划是在总部交换机 SW1 ~ SW5 上配置 MSTP 防止二层环路；要求 VLAN1001 的数据流经过 SW1 转发，SW1 失效时经过 SW2 转发；VLAN2001 的数据流经过 SW2 转发，SW2 失效时经过 SW1 转发。所配置的参数要求如下：

1）region-name 为 H3C。

2）实例 1 对应 VLAN1001，实例 2 对应 VLAN2001。

3）SW1 作为实例 1 中的主根，实例 2 中的从根；SW2 作为实例 2 中的主根，实例 1 中的从根。

在 SW1 和 SW2 上配置 VRRP，实现主机的网关冗余。所配置的参数要求见表 7-6。

表 7-6

VLAN	VRRP 备份组号（VRID）	VRRP 虚拟 IP
VLAN1001	10	172.17.1.1
VLAN2001	20	172.18.1.1

4）SW1 作为 VLAN1001 内主机的实际网关，SW2 作为 VLAN2001 内主机的实际网关，且互为备份；其中各 VRRP 组中高优先级设置为 120，低优先级默认为 100。

5）在 SW1 和 SW2 上配置 BFD Track，采用 BFD Echo 方式探测 VRRP Master 的上行链路。当检测到 VRRP Master 上行链路不通时，降低 Master 的 VRRP 优先级到 90，使得 Slave 抢占为 Master，确保下挂主机正常通信。所配置的参数要求见表 7-7。

表 7-7

设　备	VLAN	VRRP 备份组号（VRID）	BFD Echo 报文源地址	Track ID
SW1	VLAN1001	10	1.1.1.1	1
SW2	VLAN2001	20	2.2.2.2	1

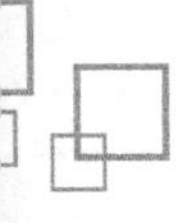

4. 链路聚合规划

核心层交换机之间对可靠性要求严格，因此决定将 SW1、SW2 通过两条以太网线、千兆以太网端口进行互联。使用以太网链路聚合技术可以达到 SW1、SW2 之间链路的高可靠性，因此，本次项目中采用静态链路聚合。

5. 路由协议规划

在本次网络项目中，IGP 选择使用基于链路状态的 OSPF（开放式最短路径优先）路由协议。

OSPF 是一种以 Area 0 为骨干区域的分层路由协议。在该项目中，将南京总部核心设备设计为 OSPF 1 的骨干区域。长沙分部设计在 OSPF 1 的 Area 10 区域。RT1 和 RT2 为 ABR 设备。

为了保证 OSPF 的稳定运行，需要为每一台运行 OSPF 路由协议的路由器指定一个 Router-ID 作为路由器的唯一标识。这里设计使用 Look Back0 接口地址作为 OSPF 的 Router-ID。

南京总部和长沙分部业务 VLAN 内不允许出现 OSPF 协议报文。

RT1 和 RT3 通过默认路由访问 Internet。全网路由规划如图 7－5 所示。

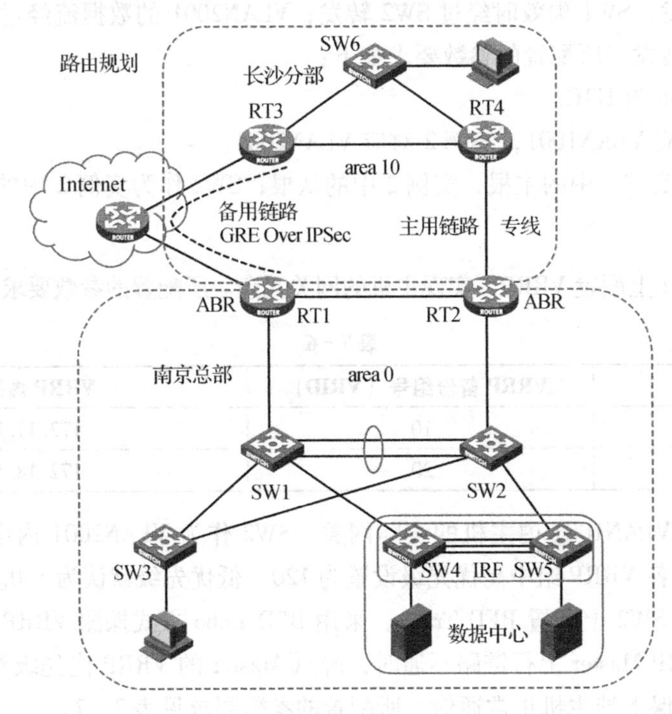

图 7－5

6. GRE over IPSec VPN

总部路由器 RT1 与分部路由器 RT3 之间属于广域网链路。客户要求 RT1 和 RT3 之间能够动态进行路由学习，并且考虑到广域网线路安全性较差，需要提高私网数据的安全性要求，对数据流进行加密。所以规划使用 GRE over IPSec 对总部到分中心的数据流进行加密。GRE 隧道要求使用Loopback0接口IP地址作为承载协议封装地址。IPSec工作模式选用隧道模式，安全协议采用ESP，加密算法采用3des-cbc，认证算法采用md5，以IKE方式建立IPSec SA。

在R1上所配置的参数要求如下：

1）ACL编号为3000。

2）IPSec安全提议名称为NJ。

3）IKE keychain的名称为NJ，预共享密钥为明文123456。

4）IKE profile的名称为NJ。

5）IPSec安全策略的名称为NJ，序列号为10。

7. NAT

在该网络项目中，用户提出允许南京总部VLAN1001中用户和长沙分部VLAN3001中用户访问Internet，并允许外网用户只能访问数据中心的172.18.1.100的服务器，要求通过静态NAT来实现，对应的互联网地址为100.1.1.6。

8. 流量路径规划

客户希望南京总部和长沙分部之间的流量优先走专线。当专线故障时通过VPN线路进行互通，全网禁止出现等价路由。

7.3 安装环境勘测

在工程实施之前需要对配套工程如空调、供电、机房、机架等进行勘测（表7-8），对于不符合安装要求的要通知客户限期整改，避免延误工期。

表7-8

勘测对象	要　求	方　法	是否符合要求		备　注
			是	否	
温度	工作环境温度：0～45℃，推荐20～24℃ 存储环境温度：-40～70℃，推荐20～24℃	用温度计测量			
湿度	工作环境湿度：10%～90%，推荐40%～60% 存储环境湿度：5%～95%，推荐40%～60%	使用湿度计测量			
洁净度	每立方米灰尘粒子数≤3×10^4（3天内桌面无可见灰尘）	目测			
电源	1. 机房供电交流：100～240V 50/60Hz，直流：-42～-57V，功率满足设备供电要求（设备功率按照最大输出功率计算）。供电插排或接线端子布放到安装位置 2. 了解设备类型，确认是否准备好16A插排或转接器（部分设备使用16A电源线和插头，无法插入10A的插排）	使用万用表测量			

（续）

勘测对象	要求	方法	是否符合要求		备注
			是	否	
接地条件	1. 机房宜采用联合接地方式，联合接地电阻值≤1Ω，容量小的≤5Ω 2. 设备供电交流电源插座应采用有保护地线（PE）的单相三线电源插座，且保护地线（PE）可靠接地	1. 咨询； 2. 使用万用表测量			
安装位置和空间	确定设备的安装位置，确保设备安装后上下、前后、左右至少保留10cm的散热空间	目测或使用卷尺测量			
机柜	1. 如果采购了H3C的机柜，需要确定是否有防静电地板和地板安装高度，用于确认N68机柜所需的支架（即底座）的高度 2. 需确认机柜空间是否足够，机柜中的托盘或滑道数量是否满足要求	目测或使用卷尺测量			
承重	机房地板每平方米承重≥450kg，部分设备有更高要求	询问			
其他	抗干扰，建筑物防雷，电梯载重量等				

勘测反馈：

勘测人员签名：　　　　勘测时间：

客户签名：　　　　施工单位签名：　　　　监理签名：

7.4 工程实施

7.4.1 设备到货验收

到货后实施工程师需要和客户同时在场，参与货物清点和开箱验货。收到货物之后需要执行以下步骤：

1）核对货物件数。根据物流清单核对货物件数是否与清单上列出的件数相符合。

2）找到货物装箱单，对每一箱货物进行逐一检查，同时检查货品是否完好，如果出现包装破损、受潮、设备变形等情况，需要按照设备厂家的流程处理有问题的货物。

3）验货完成后参加验货各方代表在装箱单上签字确认，各方保管一份。也可根据客户需要，整理输出《验货报告》，各方签字确认。装箱单签字确认后，货物随即移交给客户保管。

7.4.2 设备安装调试

按照第4章中安装流程进行设备上架安装。设备安装完成后需针对设备安装质量进行检查，且设备安装需符合客户相关要求，如走线标准、设备标签标准、线缆标签标准等。设备通电后检查的重点是关注各种指示灯的状态，重点观察电源指示灯、风扇指示灯、主控板指示灯、业务板指示灯、接口板指示灯等是否正常。

设备配置过程如下（以下配置是在HCL模拟器上完成的）。

1）配置RT1。命令如下：

```
[RT1]display current-configuration
#
 sysname RT1
#
ospf 1 router-id 192.168.0.1
  default-route-advertise
 area 0.0.0.0
  network 172.16.0.4 0.0.0.3
  network 172.16.0.12 0.0.0.3
 area 0.0.0.10
  network 172.16.1.4 0.0.0.3
#
interface LoopBack0
  ip address 192.168.0.1 255.255.255.255
#
interface GigabitEthernet0/0
  port link-mode route
  combo enable copper
  ip address 172.16.0.13 255.255.255.252
  ospf cost 10
#
interface GigabitEthernet0/1
  port link-mode route
  combo enable copper
  ip address 172.16.0.6 255.255.255.252
#
interface GigabitEthernet0/2
  port link-mode route
  combo enable copper
  ip address 100.1.1.1 255.255.255.248
  nat outbound 2000
  nat static enable
  ipsec apply policy NJ
#
interface Tunnel0 mode gre
```

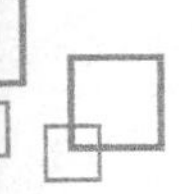


```
  ip address 172.16.1.5 255.255.255.252
  source 192.168.0.1      #此地址不能在 OSPF 中宣告,否则导致 tunnel 口 up/down
  destination 192.168.0.3
#
ip route-static 0.0.0.0 0 100.1.1.2
#
acl basic 2000
  rule 0 permit source 172.17.1.0 0.0.0.255
#
acl advanced 3000
  rule 1 permit ip source 192.168.0.1 0 destination 192.168.0.3 0
#
ipsec transform-set 1
  esp encryption-algorithm 3des-cbc
  esp authentication-algorithm md5
#
ipsec policy NJ 10 isakmp
  transform-set 1
  security acl 3000
  remote-address 100.1.2.1
  ike-profile NJ
#
  nat static outbound 172.18.1.100 100.1.1.6
#
ike profile NJ
  keychain NJ
  local-identity address 100.1.1.1
  match remote identity address 100.1.2.1 255.255.255.255
#
ike keychain NJ
  pre-shared-key address 100.1.2.1 255.255.255.255 key cipher $c $3 $iwU +
hznQSzUoNgR77N7UxSqoIII6gi/dcw = =
#
return
```

2）配置 RT2。命令如下：

```
[RT2]display current-configuration
#
  sysname RT2
#
ospf 1 router-id 192.168.0.2
 area 0.0.0.0
  network 172.16.0.8 0.0.0.3
  network 172.16.0.12 0.0.0.3
  network 192.168.0.2 0.0.0.0
```

```
area 0.0.0.10
  network 172.16.1.0 0.0.0.3
#
interface LoopBack0
 ip address 192.168.0.2 255.255.255.255
#
interface GigabitEthernet0/0
 port link-mode route
 combo enable copper
 ip address 172.16.0.14 255.255.255.252
 ospf cost 100
#
interface GigabitEthernet0/1
 port link-mode route
 combo enable copper
 ip address 172.16.1.1 255.255.255.252
#
interface GigabitEthernet0/2
 port link-mode route
 combo enable copper
 ip address 172.16.0.10 255.255.255.252
#
return
```

3）配置RT3。命令如下：

```
[RT3]display current-configuration
#
 sysname RT3
#
ospf 1 router-id 192.168.0.3
 default-route-advertise
 area 0.0.0.10
  network 172.16.1.4 0.0.0.3
  network 172.16.2.4 0.0.0.3
  network 172.16.2.8 0.0.0.3
#
interface LoopBack0
 ip address 192.168.0.3 255.255.255.255
#
interface GigabitEthernet0/0
 port link-mode route
 combo enable copper
 ip address 172.16.2.9 255.255.255.252
 ospf cost 10
#
```

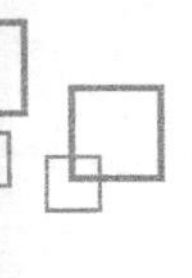


```
interface GigabitEthernet0/1
 port link-mode route
 combo enable copper
 ip address 172.16.2.6 255.255.255.252
#
interface GigabitEthernet0/2
 port link-mode route
 combo enable copper
 ip address 100.1.2.1 255.255.255.248
 nat outbound 2000
 ipsec apply policy NJ
#
interface Tunnel0 mode gre
 ip address 172.16.1.6 255.255.255.252
 source 192.168.0.3            #此地址不能在OSPF中宣告,否则导致tunnel口up/down
 destination 192.168.0.1
#
 ip route-static 0.0.0.0 0 100.1.2.2
#
acl basic 2000
 rule 1 permit source 172.19.1.0 0.0.0.255
#
acl advanced 3000
 rule 1 permit ip source 192.168.0.3 0 destination 192.168.0.1 0
#
ipsec transform-set 1
 esp encryption-algorithm 3des-cbc
 esp authentication-algorithm md5
#
ipsec policy NJ 10 isakmp
 transform-set 1
 security acl 3000
 remote-address 100.1.1.1
 ike-profile NJ
#
ike profile NJ
 keychain NJ
 local-identity address 100.1.2.1
 match remote identity address 100.1.1.1 255.255.255.255
#
ike keychain NJ
 pre-shared-key address 100.1.1.1 255.255.255.255 key cipher $c$3$tC5qzFECiPlwcR/
dy/qCjKhnmKSttns+vg==
#
return
```

4）配置RT4。命令如下：

```
[RT4]display current-configuration
#
  sysname RT4
#
ospf 1 router-id 192.168.0.4
 area 0.0.0.10
  network 172.16.1.0 0.0.0.3
  network 172.16.2.0 0.0.0.3
  network 172.16.2.8 0.0.0.3
  network 192.168.0.4 0.0.0.0
#

interface LoopBack0
 ip address 192.168.0.4 255.255.255.255
#
interface GigabitEthernet0/0
 port link-mode route
 combo enable copper
 ip address 172.16.2.10 255.255.255.252
 ospf cost 100
#
interface GigabitEthernet0/1
 port link-mode route
 combo enable copper
 ip address 172.16.1.2 255.255.255.252
#
interface GigabitEthernet0/2
 port link-mode route
 combo enable copper
 ip address 172.16.2.2 255.255.255.252
#
return
```

5）配置SW1。命令如下：

```
[SW1]display current-configuration
#
 sysname SW1
#
 bfd echo-source-ip 1.1.1.1
#
ospf 1 router-id 192.168.0.11
 silent-interface Vlan-interface1001          #禁止业务VLAN中出现OSPF协议报文
 silent-interface Vlan-interface2001
 area 0.0.0.0
```

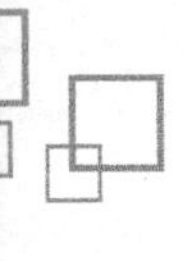


```
  network 172.16.0.0 0.0.0.3
  network 172.16.0.4 0.0.0.3
  network 172.17.1.0 0.0.0.255
  network 172.18.1.0 0.0.0.255
  network 192.168.0.11 0.0.0.0
#
vlan 100 to 101
#
vlan 1001
#
vlan 2001
#
stp region-configuration
 region-name H3C
 instance 1 vlan 1001
 instance 2 vlan 2001
 active region-configuration
#
 stp instance 1 root primary
 stp instance 2 root secondary
 stp global enable
#
interface Bridge-Aggregation1
 port link-type trunk
 undo port trunk permit vlan 1
 port trunk permit vlan 100 1001 2001
#
interface LoopBack0
 ip address 192.168.0.11 255.255.255.255
#
interface Vlan-interface100
 ip address 172.16.0.1 255.255.255.252
#
interface Vlan-interface101
 ip address 172.16.0.5 255.255.255.252
#
interface Vlan-interface1001
 ip address 172.17.1.252 255.255.255.0
 vrrp vrid 10 virtual-ip 172.17.1.1
 vrrp vrid 10 priority 120
 vrrp vrid 10 track 1 priority reduced 30
#
interface Vlan-interface2001
 ip address 172.18.1.252 255.255.255.0
 vrrp vrid 20 virtual-ip 172.18.1.1
#
```

```
 interface GigabitEthernet1/0/1
  port link-mode bridge
  port link-type trunk
  undo port trunk permit vlan 1
  port trunk permit vlan 1001 2001
  combo enable fiber
 #
 interface GigabitEthernet1/0/4
  port link-mode bridge
  port link-type trunk
  undo port trunk permit vlan 1
  port trunk permit vlan 1001 2001
  combo enable fiber
 #
 interface GigabitEthernet1/0/46
  port link-mode bridge
  port access vlan 101
  combo enable fiber
 #
 interface GigabitEthernet1/0/47
  port link-mode bridge
  port link-type trunk
  undo port trunk permit vlan 1
  port trunk permit vlan 100 1001 2001
  combo enable fiber
  port link-aggregation group 1
 #
 interface GigabitEthernet1/0/48
  port link-mode bridge
  port link-type trunk
  undo port trunk permit vlan 1
  port trunk permit vlan 100 1001 2001
  combo enable fiber
  port link-aggregation group 1
 #
 track 1 bfd echo interface Vlan-interface101 remote ip 172.16.0.6 local
ip 172.16.0.5
 #
 return
```

6）配置SW2。命令如下：

```
[SW2]display current-configuration
#
sysname SW2
#
```

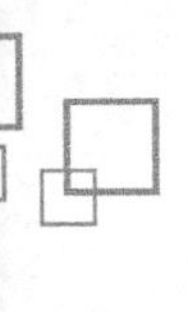


```
 bfd echo-source-ip 2.2.2.2
#
ospf 1 router-id 192.168.0.12
 silent-interface Vlan-interface1001
 silent-interface Vlan-interface2001
 area 0.0.0.0
  network 172.16.0.0 0.0.0.3
  network 172.16.0.8 0.0.0.3
  network 172.17.1.0 0.0.0.255
  network 172.18.1.0 0.0.0.255
  network 192.168.0.12 0.0.0.0
#

vlan 100
#
vlan 102
#
vlan 1001
#
vlan 2001
#
stp region-configuration
 region-name H3C
 instance 1 vlan 1001
 instance 2 vlan 2001
 active region-configuration
#

stp instance 1 root secondary
stp instance 2 root primary
stp global enable
#
interface Bridge-Aggregation1
 port link-type trunk
 undo port trunk permit vlan 1
 port trunk permit vlan 100 1001 2001
#
interface LoopBack0
 ip address 192.168.0.12 255.255.255.255
#
interface Vlan-interface100
 ip address 172.16.0.2 255.255.255.252
#
interface Vlan-interface102
 ip address 172.16.0.9 255.255.255.252
#
```

```
interface Vlan-interface1001
 ip address 172.17.1.253 255.255.255.0
 vrrp vrid 10 virtual-ip 172.17.1.1

#
interface Vlan-interface2001
 ip address 172.18.1.253 255.255.255.0
 vrrp vrid 20 virtual-ip 172.18.1.1
 vrrp vrid 20 priority 120
 vrrp vrid 20 track 1 priority reduced 30
#
interface GigabitEthernet1/0/2
 port link-mode bridge
 port link-type trunk
 port trunk permit vlan 1 1001 2001
 combo enable fiber
#
interface GigabitEthernet1/0/5
 port link-mode bridge
 port link-type trunk
 port trunk permit vlan 1 1001 2001
 combo enable fiber
#
interface GigabitEthernet1/0/46
 port link-mode bridge
 port access vlan 102
 combo enable fiber
#
interface GigabitEthernet1/0/47
 port link-mode bridge
 port link-type trunk
 undo port trunk permit vlan 1
 port trunk permit vlan 100 1001 2001
 combo enable fiber
 port link-aggregation group 1
#
interface GigabitEthernet1/0/48
 port link-mode bridge
 port link-type trunk
 undo port trunk permit vlan 1
 port trunk permit vlan 100 1001 2001
 combo enable fiber
 port link-aggregation group 1
#
track 1 bfd echo interface Vlan-interface102 remote ip 172.16.0.10 local ip 172.16.0.9
```

```
#
return
```

7）配置SW3。命令如下：

```
[SW3]dis current-configuration
#
 sysname SW3
#

vlan 1001
#
vlan 2001
#
stp region-configuration
 region-name H3C
 instance 1 vlan 1001
 instance 2 vlan 2001
 active region-configuration
#
 stp global enable
#
interface NULL0
#
interface GigabitEthernet1/0/1
 port link-mode bridge
 port link-type trunk
 undo port trunk permit vlan 1
 port trunk permit vlan 1001 2001
 combo enable fiber
#
interface GigabitEthernet1/0/2
 port link-mode bridge
 port link-type trunk
 undo port trunk permit vlan 1
 port trunk permit vlan 1001 2001
 combo enable fiber
#
interface GigabitEthernet1/0/3
 port link-mode bridge
 port access vlan 1001
 combo enable fiber
 stp edged-port
 #
interface GigabitEthernet1/0/4
 port link-mode bridge
```

```
 port access vlan 1001
 combo enable fiber
#
…
#
interface GigabitEthernet1/0/46
 port link-mode bridge
 port access vlan 1001
 combo enable copper
#
interface GigabitEthernet1/0/47
 port link-mode bridge
 port access vlan 1001
 combo enable copper
#
interface GigabitEthernet1/0/48
 port link-mode bridge
 port access vlan 1001
 combo enable copper
#
return
```

8）配置NJ（SW4和SW5）。命令如下：

```
[NJ]display current-configuration
#
 sysname NJ
#
 irf mac-address persistent timer
 irf auto-update enable
 undo irf link-delay
 irf member 1 priority 20
 irf member 2 priority 1
#
vlan 1001
#
vlan 2001
#
vlan 2999
#
irf-port 1/1
 port group interface Ten-GigabitEthernet1/0/49
 port group interface Ten-GigabitEthernet1/0/50
#
irf-port 2/2
 port group interface Ten-GigabitEthernet2/0/49
 port group interface Ten-GigabitEthernet2/0/50
```

```
#
stp region-configuration
 region-name H3C
 instance 1 vlan 1001
 instance 2 vlan 2001
 active region-configuration
#
 stp global enable
#
interface Vlan-interface2999
 mad bfd enable
 mad ip address 10.0.0.1 255.255.255.252 member 1
 mad ip address 10.0.0.2 255.255.255.252 member 2
#
interface GigabitEthernet1/0/1
 port link-mode bridge
 port access vlan 2999
 combo enable copper
#
interface GigabitEthernet1/0/4
 port link-mode bridge
 port link-type trunk
 port trunk permit vlan 1 1001 2001
 combo enable copper
#
interface GigabitEthernet1/0/10
 port link-mode bridge
 port access vlan 2001
 combo enable copper
#
interface GigabitEthernet1/0/11
 port link-mode bridge
 port access vlan 2001
 combo enable copper
#
…
#
interface GigabitEthernet1/0/46
 port link-mode bridge
 port access vlan 2001
 combo enable copper
#
interface GigabitEthernet1/0/47
 port link-mode bridge
 port access vlan 2001
 combo enable copper
#
```

```
interface GigabitEthernet1/0/48
 port link-mode bridge
 port access vlan 2001
 combo enable copper
#
interface GigabitEthernet2/0/1
 port link-mode bridge
 port access vlan 2999
 combo enable copper
#
interface GigabitEthernet2/0/5
 port link-mode bridge
 port link-type trunk
 port trunk permit vlan 1 1001 2001
 combo enable copper
#
interface GigabitEthernet2/0/10
 port link-mode bridge
 port access vlan 2001
 combo enable copper
#
interface GigabitEthernet2/0/11
 port link-mode bridge
 port access vlan 2001
 combo enable copper
#
…
#
interface GigabitEthernet2/0/46
 port link-mode bridge
 port access vlan 2001
 combo enable copper
#
interface GigabitEthernet2/0/47
 port link-mode bridge
 port access vlan 2001
 combo enable copper
#
interface GigabitEthernet2/0/48
 port link-mode bridge
 port access vlan 2001

#
interface Ten-GigabitEthernet1/0/49
 combo enable fiber
#
interface Ten-GigabitEthernet1/0/50
```

```
 combo enable fiber
#
interface Ten-GigabitEthernet2/0/49
 combo enable fiber
#
interface Ten-GigabitEthernet2/0/50
 combo enable fiber
return
```

9）配置SW6。命令如下：

```
[SW6]display current-configuration
#
 sysname SW6
#
ospf 1 router-id 192.168.0.16
 silent-interface Vlan-interface3001
 area 0.0.0.10
  network 172.16.2.0 0.0.0.3
  network 172.16.2.4 0.0.0.3
  network 172.19.1.0 0.0.0.255
  network 192.168.0.16 0.0.0.0
#
vlan 201 to 202
#
vlan 3001
#
interface LoopBack0
 ip address 192.168.0.16 255.255.255.255
#
interface Vlan-interface201
 ip address 172.16.2.5 255.255.255.252
#
interface Vlan-interface202
 ip address 172.16.2.1 255.255.255.252
#
interface Vlan-interface3001
 ip address 172.19.1.1 255.255.255.0
#
interface GigabitEthernet1/0/1
 port link-mode bridge
 port access vlan 201
 combo enable fiber
#
interface GigabitEthernet1/0/2
 port link-mode bridge
 port access vlan 202
 combo enable fiber
```

```
#
interface GigabitEthernet1/0/3
 port link-mode bridge
 port access vlan 3001
 combo enable fiber
#
interface GigabitEthernet1/0/4
 port link-mode bridge
 port access vlan 3001
 combo enable fiber
#
…
#
interface GigabitEthernet1/0/46
 port link-mode bridge
 port access vlan 3001
 combo enable fiber
#
interface GigabitEthernet1/0/47
 port link-mode bridge
 port access vlan 3001
 combo enable fiber
#
interface GigabitEthernet1/0/48
 port link-mode bridge
 port access vlan 3001
 combo enable fiber
#
return
```

10）配置 Internet。命令如下：

```
[Internet]display current-configuration
#
 sysname Internet
#
interface GigabitEthernet0/0
 port link-mode route
 combo enable copper
 ip address 100.1.1.2 255.255.255.248
#
interface GigabitEthernet0/1
 port link-mode route
 combo enable copper
 ip address 100.1.2.2 255.255.255.248
#
return
```

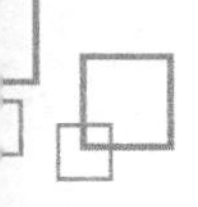

7.5 工程收尾

工程收尾包含整个项目验收过程，全部过程需施工方、用户方、项目监理方全体参与。

1. 项目初步验收

在设备调试安装完成后，进入初步验收阶段。设备验收前需要各站点施工方提交以下内容：网络设备到货验收报告、网络工程施工图纸、网络设备配置参数、网络设备维护手册、数据中心操作手册、云计算平台操作手册等。

提出验收申请后，用户方进入项目初步验收流程。初步验收完毕，用户方向施工方提供项目验收确认函。

2. 业务上线

业务上线前，施工单位需要保证所有的网络需求已经完全满足，配合用户进行设备上线。业务上线后，进入为期一周的试运行阶段。试运行阶段主要依靠用户业务数据流直接测试。试运行阶段除了检测业务运行的稳定性，还需要针对各个技术点进行详细测试，包含以下内容：网络传输性能测试、VPN 线路测试、设备冗余性测试、路由协议测试等，并且以书面的形式记录下来。

试运行阶段中一旦发现问题，施工单位人员应及时处理整改。同时，在试运行阶段，可以向用户单位进行转维培训。

3. 最终验收

试运行阶段完成后，所有问题解决完成，项目最终验收，用户单位移交所有资料，包括：用户单位盖章的初步验收申请、网络项目技术方案、项目实施方案、项目测试方案、项目最终验收方案、项目转维培训方案、项目售后服务方案。所有业务交接完毕，可以转入项目售后服务流程。施工单位可全部撤离，项目全部移交用户单位。

课堂小测试

1. 工程交付流程的主要步骤有哪些？

答案：项目启动会（确定人员），制定方案，开箱验货，设备安装，设备调试，转维培训，项目验收。

2. 为什么设计时 VLAN1001 的 VRRP 的 Master 设备和 MSTP 的主根要放在同一台设备上？

答案：为了避免数据转发时产生次优路径，增加延迟时间。

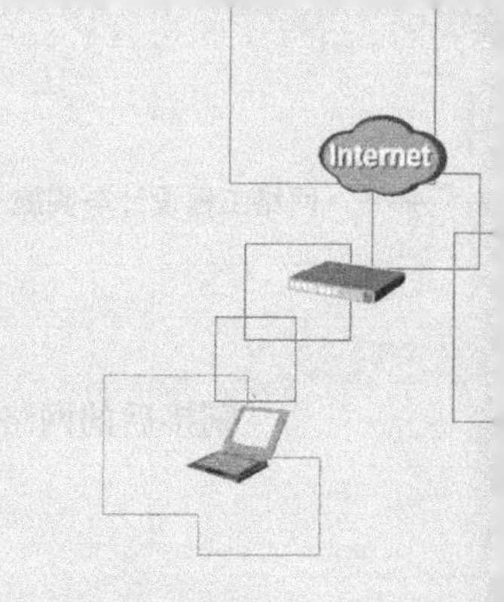

第8章 ××校园网割接案例

随着通信技术的不断发展，为了适应业务的需求网络要不断地改造和优化。网络中无论是新增链路还是更换设备，都会直接影响到上面承载的业务。一个局点新增链路或者更换设备称为割接。

本章将通过××校园网割接案例介绍割接的完整流程。

8.1 割接方案

很多网络割接不是一步就能完成的，割接前需要制定一个具体的割接方案来描述整个过程。在割接方案中不但要描述割接中需要进行的各项任务，还要包含各项任务的时间表，这些内容需要相关的部门、单位共同讨论通过。对于割接中的具体割接步骤，不能仅仅是纸上谈兵，特别是牵涉到软件版本的改变这种协议上有较大更改的情况，通常需要搭设模拟环境进行模拟割接测试。所以割接前的模拟测试是验证割接方案可行性的一个严谨的步骤，严格的测试有助于减少这方面的风险。

8.1.1 割接前准备

割接前期的准备工作包含通知相关部门和客户、确定联系人、准备割接材料、配置备份、信息采集备份等。

1. 割接背景

××校园网已经运行6年以上，随着校园网业务的不断发展，出口核心路由器承载的业务数量越来越大，已经无法满足业务需求，因此学校领导提出在网络核心出口新增两台H3C高性能路由器，并且替换掉原来老旧的路由器。

割接前的网络拓扑图如图8-1所示。

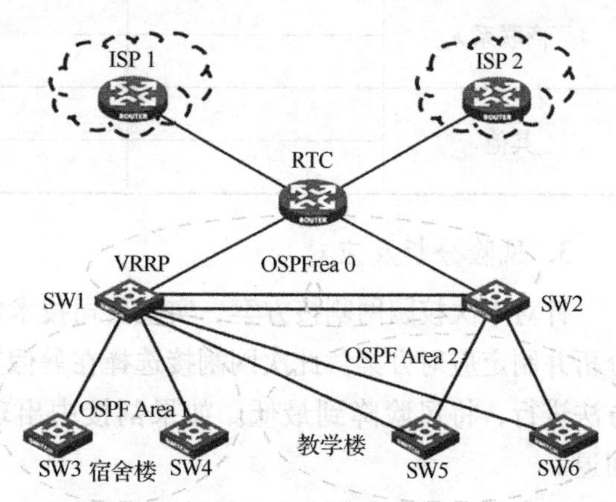

图8-1

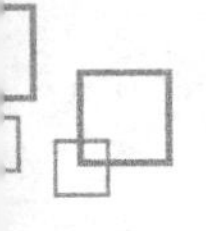

割接后的网络拓扑图如图 8－2 所示。

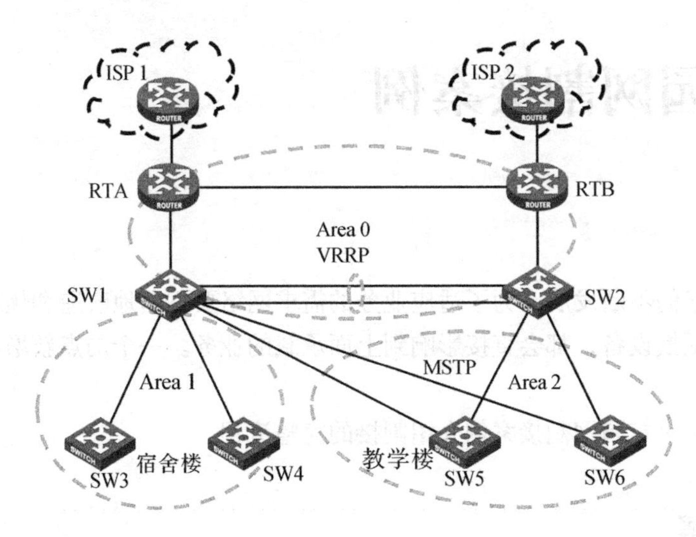

图 8－2

2. 人员安排（表 8－1）

表 8－1

单 位	姓 名	职 务	电 话	E-mail
××学校联系人				
实施公司联系人				
厂商联系人				
其他				

3. 风险分析及应对

针对本次校园网割接方案，实施公司技术负责人对实施过程中存在的风险进行了详细的分析并制定应对方案。此次网割接选择在暑假期间的 22 点以后实施，并且采用逐步融入的方法进行，将风险降到最低。如果割接中出现不可预料的问题，可以按照回退步骤进行回退。

逐步融入方法如图 8－3 所示。

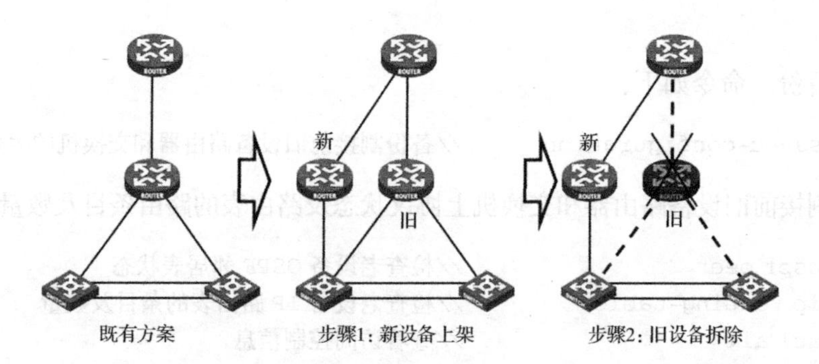

图 8-3

思考：假设你是实施公司技术负责人，你会从哪些方面对此项目进行风险评估呢？

参考答案：风险影响的范围、风险带来的损失、风险影响的时间、避开风险的方法。

4. 割接前数据收集及设备检查

打开所使用的 SecureCRT 或者其他工具中的日志功能，记录整个操作过程，收集现网待割接设备运行情况并进行确认。对新设备的硬件、软件、线缆以及割接工具进行检查。

1）操作时间：割接前一天。

2）工具检查包括以下方面：

① 上架工具，如螺丝刀套装、钳子套装、网钳、RJ-45 接头、扎线带、防静电手环等。

② 测试工具，如网线测试仪、巡线仪、光功率计、红光笔、光纤识别器、数显试电笔、万用表等。

③ 调试工具，如计算机、调试软件 SecureCRT、配置线、USB 转 RS-232 串口线等。

3）硬件检测分以下两类：

① 设备检测。新设备上电后检查各种指示灯的状态，重点观察电源指示灯、风扇指示灯、主控板指示灯、业务板指示灯、接口板指示灯等是否正常。

② 线缆检查。查看线缆规格、接头类型是否符合要求，测试线缆连通性等。

4）软件信息收集包括以下 3 个方面：

① 查看新设备和老设备的软件版本/设备信息/License 注册信息 /设备告警、CPU、内存、设备温度、电源状态等情况。常用命令如下：

```
display version                  //显示设备软件版本
display device                   //显示设备信息
display device manuinfo          //显示设备的电子标签信息
display license                  //查看 License 注册信息
display alarm                    //显示设备告警
display cpu-usage                //显示 CPU 状态
display memory                   //显示内存状态
display environment              //显示设备温度
display power                    //显示电源状态
display fan                      //显示设备风扇的工作状态
display logbuffer                //显示日志信息
```

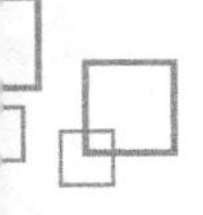

② 配置备份。命令如下：

```
display saved-configuration        //备份割接前旧设备路由器和交换机的生效配置
```

③ 备份割接前旧设备路由器和交换机上协议状态及路由表的路由条目及数量。命令如下：

```
display ospf peer                  //检查老设备 OSPF 邻居表状态
display ip routing-table           //检查老设备 IP 路由表的条目及数量
display acl all                    //查看访问控制信息
```

注意：软件信息的收集过程又称为“割接前快照”。

5）操作人员：×××

6）预期结果：新设备的 License 没有注册。

8.1.2 割接中操作

1. 割接时间

2016 年 7 月××日 00:00～2016 年 7 月××日 5:00。

2. 割接内容（表 8－2）

表 8－2

	设备层次	设备型号	数　量	厂　家
割接前	核心层	MSR56-80	1	H3C
割接后	核心层	SR8808-X	2	H3C

割接目标简述：

1. 本次割接的主要工作：××校园网核心设备更换。

2. 割接影响：本次割接采用逐步融入法进行操作，主要是对核心路由器替换、退网等操作，正常情况下不影响其他业务。

3. 割接步骤

1）设备 License 注册。

2）设备切入，步骤如下（图 8－4）：

① 新增两台核心路由器 SR8808-X，并对接好两台路由器 RTA 和 RTB 之间的链路。

② 新核心路由器 RTA 与原有旧汇聚层交换机 SW1 对接链路；新核心路由器 RTB 与原有旧汇聚层交换机 SW2 对接链路。

3）业务切换，步骤如下（图 8－5）：

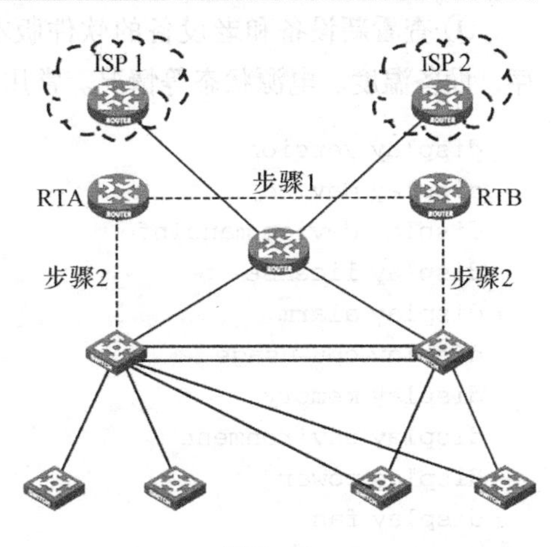

图 8－4

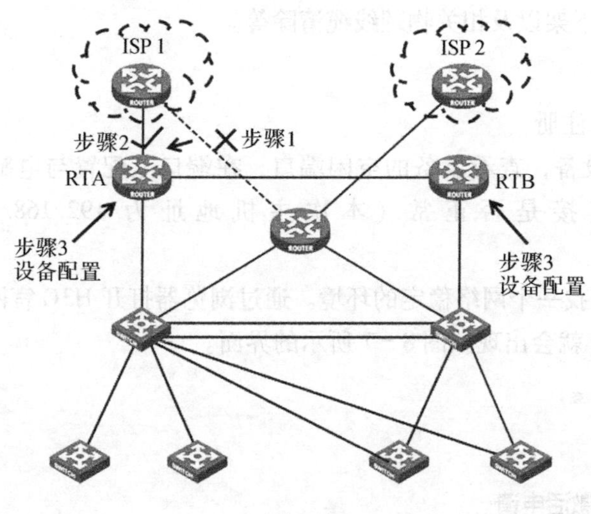

图8-5

① 断开旧设备连接 ISP 1 的出口，空出连接 ISP 1 的线路。

② 核心路由器 RTA 与 ISP 1 物理线路的对接（核心路由器 RTB 与 ISP 2 之间物理线路暂时不对接）。

③ 执行业务切换操作配置，让流量从旧核心路由器出口转换成从新核心路由器出口，具体方法在 RTA 和 RTB 上利用下发的默认路由来实现（RTB 下发的默认路由暂时不生效）。

4）清除旧设备，步骤如下（图8-6）：

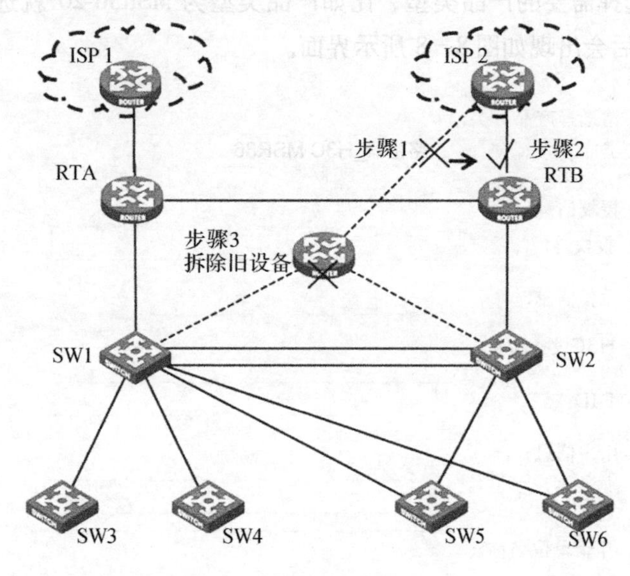

图8-6

① 断开旧设备连接 ISP 2 的出口，空出原有连接 ISP 2 的线路。

② 将核心路由器 RTB 对接空出的 ISP 2 的链路，并测试连通性。

③ 旧核心路由器下架以及相关物理线缆清除等。

4. 割接操作命令

(1) 设备 License 注册

1) 用 CRT 连接设备，查看设备的空闲端口，在端口上配置与电脑同网段的 IP 地址，然后 ping 通，看连接是否正常（本次主机地址为 192.168.100.2，路由器为 192.168.100.1）。

2) 在线注册，需找一个网络稳定的环境。通过浏览器打开 H3C 官网，单击“服务与支持”→“授权业务”，就会出现如图 8-7 所示的界面。

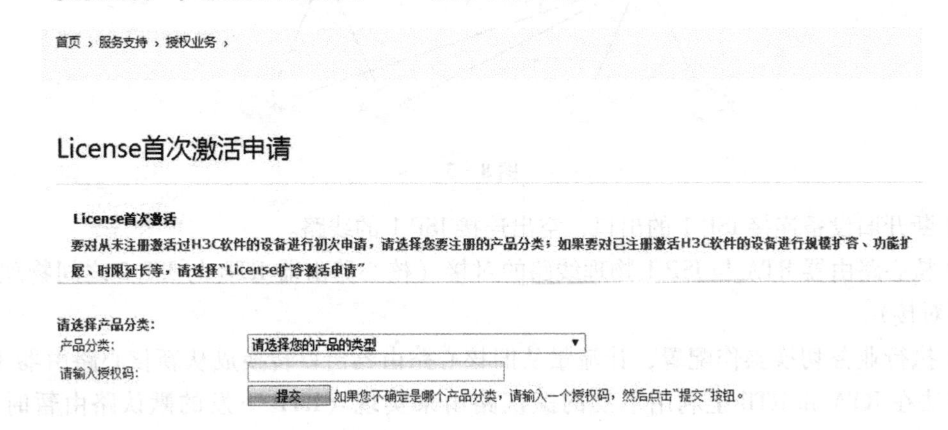
首页 › 服务支持 › 授权业务 ›

License首次激活申请

License首次激活

要对从未注册激活过H3C软件的设备进行初次申请，请选择您要注册的产品分类；如果要对已注册激活H3C软件的设备进行规模扩容、功能扩展、时限延长等，请选择“License扩容激活申请”

请选择产品分类:

产品分类: 请选择您的产品的类型

请输入授权码:

提交 如果您不确定是哪个产品分类，请输入一个授权码，然后点击“提交”按钮。

图 8-7

在产品分类里选择需要的产品类型，比如产品类型为 MSR36-20 就选择“路由器_H3C MSR36”，选择完之后会出现如图 8-8 所示界面。

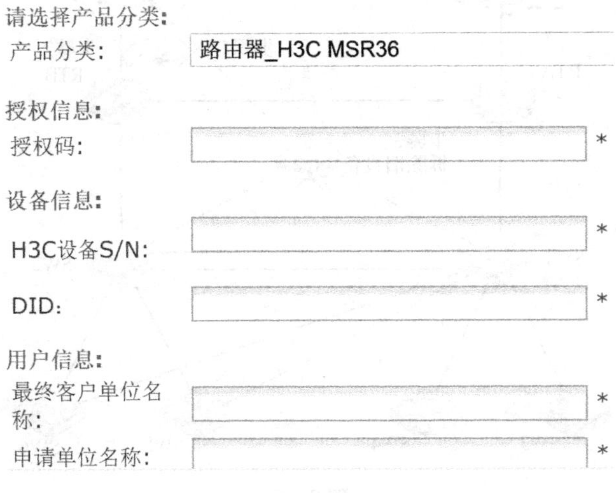

请选择产品分类:

产品分类: 路由器_H3C MSR36

授权信息:

授权码: *

设备信息:

H3C设备S/N: *

DID: *

用户信息:

最终客户单位名称: *

申请单位名称: *

图 8-8

其中信息填写注意以下几点：

① 授权码填写的是《软件使用授权书》上的授权序列号，授权序列号中凡是出现“0”

字形的都是数字“零”，并不是字母“o”。如果输入的授权序列号不全或是有错，会出现报错，如图 8－9 所示。

图 8－9

② H3C 设备的 S/N 和 DID 需要在 CRT 中通过命令“display license device-id”来获取。其中 H3C 设备的 S/N 为设备的固有序列号，是 20 位的数字或字母。DID 为设备的 Device ID，是 32 位的数字或字母。例如：

```
[H3C]dis license device-id
SN: 210235A0XXXXXX000237
Device ID: qg59-XXXX-XXXX-Wu5y-zrF4-:Mny-q#P/-b% jn
```

随后将 H3C 设备的 S/N 和 DID 分别粘贴到对应位置。

③ 用户信息只需要将带“＊”号的填好即可，记住勾选“已阅读并同意法律声明所属服务条款各项内容和 H3C 授权服务门户法律声明”。然后单击“获取激活码（文件）”按钮，出现的界面如图 8－10 所示。

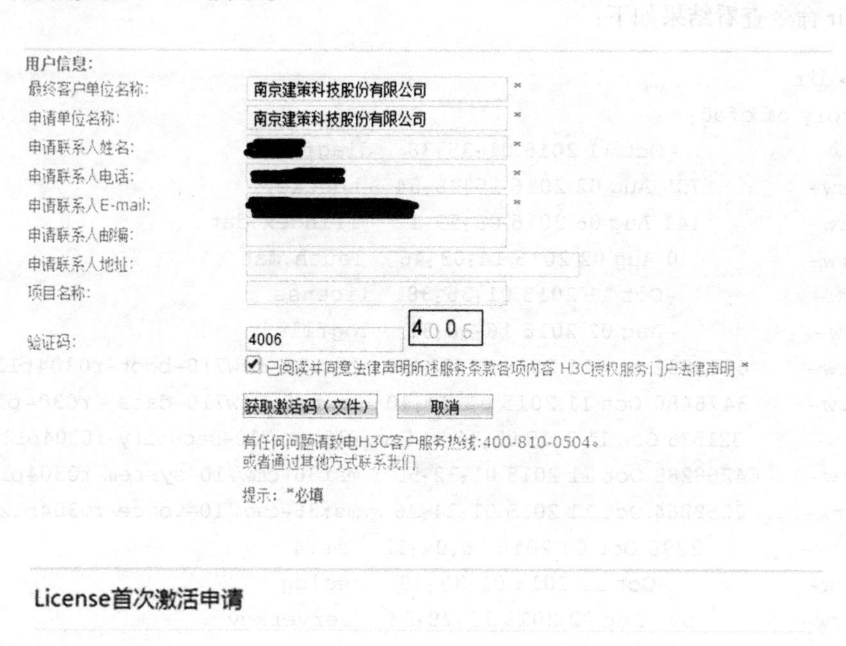

图 8－10

会看到一个以“.ak”为扩展名的文件，为了方便可以单击将文件下载至桌面，再根据自己的要求修改文件名（本例中保存的文件名为 msr4）。

④ 打开 3CDaemon 软件，采用 TFTP 传输，如图 8－11 所示，单击左上角的“Configure TFTP Sever”，将计算机作为 TFTP 服务器。因为之前下载的文件在桌面，所以该目录要选择为桌面。其他不需要改，直接单击“确定”按钮即可。

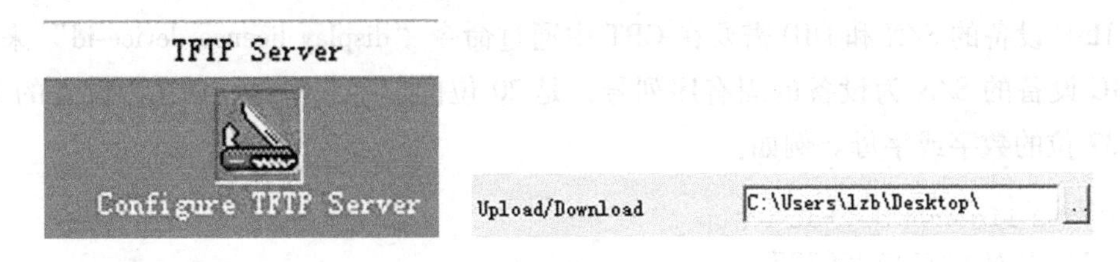

图 8－11

⑤ 将获取到的激活文件通过 TFTP 上传到设备的存储介质上。命令如下：

```
<H3C>tftp 192.168.100.2 get msr4 msr4
```

其中，第一个 msr4 为前面下载并保存在桌面的文件，第二个为保存到路由器的目录。通过 dir 命令查看结果如下：

```
<H3C>dir
Directory of cfa0:
  0 drw-           -Oct 11 2015 01:35:38   diagfile
  1 -rw-        735 Aug 02 2016 15:28:54   hostkey
  2 -rw-        141 Aug 06 2016 08:59:12   ifindex.dat
  3 -rw-          0 Aug 02 2016 14:03:46   lauth.dat
  4 drw-           -Oct 11 2015 01:35:38   license
  5 drw-           -Aug 02 2016 16:30:32   logfile
  6 -rw-    8568832 Oct 11 2015 01:32:38   msr36-cmw710-boot-r0304p12.bin
  7 -rw-    3476480 Oct 11 2015 01:34:40   msr36-cmw710-data - r0304p12.bin
  8 -rw-     321536 Oct 11 2015 01:34:34   msr36-cmw710-security-r0304p12.bin
  9 -rw-   64268288 Oct 11 2015 01:32:50   msr36-cmw710-system-r0304p12.bin
 10 -rw-    2059264 Oct 11 2015 01:34:36   msr36-cmw710-voice-r0304p12.bin
 11 -rw-       2296 Oct 02 2016 16:04:12   msr4
 12 drw-           -Oct 11 2015 01:35:38   seclog
 13 -rw-        591 Aug 02 2016 15:28:54   serverkey
```

⑥ 在系统视图下，通过“license activation-file install filepath”命令完成激活文件的安装，其中 filepath 为激活文件路径及名称。

```
<H3C>sys
[H3C]license activation-file install slot0#cfa0:/msr4
```

⑦ 在任意视图下，可以通过"display license"命令查看 License 激活文件的状态信息，如果 Current State 显示为 In use，则说明安装成功。

```
[H3C]dis license
cfa0:/license/msr4
Feature: pkg_license
Product Description: H3C MSR 36 Data Software License
Registered at: 2016-10-02 16:30:00
License Type: Permanent
Current State: In use
```

⑧ 最后重启一下设备，再次用"display license"命令查看一下。

```
Current State: In use
```

（2）旧设备配置

删除旧设备连接 IPS1 接口 IP 地址，参考命令如下：

```
[H3C]interface Serial 1/0   #此接口仅供参考
[H3C-Serial1/0]undo ip address
```

（3）新设备 RTA 配置

1）配置新设备 RTA 的接口 IP 地址，参考命令如下：

```
[RTA]interface Serial 1/0             #此接口仅供参考
[RTA-Serial1/0] ip address x.x.x.x xx
```

配置的 IP 地址是旧设备连接 ISP 1 出口的 IP 地址，其他内网接口 IP 地址按照规划进行配置。

2）在新设备 RTA 上配置一条默认路由去往 ISP 1。命令如下：

```
[RTA]ip route-static 0.0.0.0 0.0.0.0 xx
```

3）新设备 RTA 上 OSPF 协议配置。参考命令如下：

```
[RTA]ospf  1
[RTA-ospf-1]area 0
[RTA-ospf-1-area-0.0.0.0]network x.x.x.x xx
[RTA-ospf-1-area-0.0.0.0]network x.x.x.x xx
[RTA-ospf-1-area-0.0.0.0]network x.x.x.x xx
[RTA-ospf-1-area-0.0.0.0]quit
[RTA-ospf-1] default-route-advertise type 1 cost x
```

在这次割接中最关键的配置是在新设备 RTA 和 RTB 上配置去往互联网的默认路由，再向 OSPF 区域内下发默认路由，传递到全网路由器。该操作有以下两种推荐的方案：

① 让新设备 RTA 和 RTB 下发的默认路由开销大于原有的默认路由，虽然不会抢占原先

的默认路由，但是可以作为备份，潜伏在 OSPF 的 LSDB 库中，随时准备抢占主用默认路由（在这次割接中选择的是该种配置方法）。

② 直接让新设备 RTA 和 RTB 下发的默认路由优先级低于原有的默认路由，如配置命令“［RTA-ospf-1］default-route-advertise type 2”（默认就是 type 2 类型）。因为 type 2 类型的外部路由优先级低于 type 1 类型的外部路由，从而实现了 RTA 下发的新路由暂时不被优选。

4）结果验证。命令如下：

```
[RTA]display ospf peer
[RTA]display ip routing-table
```

在新设备 RTA 上查看 OSPF 邻接关系是否能够正常建立；查看 RTA 能否学习到其他网段的 OSPF 路由。

```
[SW1]display ip routing-table
[SW1]display ospf lsdb
[SW2]display ip routing-table
[SW2]display ospf lsdb
…
```

在其他运行 OSPF 协议的设备上查看 IP 路由表是否学习到 RTA 上相关网段的路由信息；查看 OSPF 数据库中是否存在默认路由。

（4）新设备 RTB 配置

1）接口 IP 地址配置，参考命令如下：

```
[RTB]interface GigabitEthernet 0/1      #内网接口,仅供参考
[RTB-GigabitEthernet0/1]ip address x.x.x.x xx
…
```

注意：RTB 连接 ISP 2 接口的 IP 地址暂时不配。

2）在新设备 RTB 上配置一条默认路由去往 Internet。参考命令如下：

```
[RTB]ip route-static 0.0.0.0 0.0.0.0 xx
```

此默认路由暂时不会生效，因为去往 ISP 2 的线路还未连接。

3）配置新设备 RTB 上的 OSPF 协议。参考命令如下：

```
[RTB]ospf  1
[RTB-ospf-1]area 0
[RTB-ospf-1-area-0.0.0.0]network x.x.x.x xx
[RTB-ospf-1-area-0.0.0.0]network x.x.x.x xx
[RTB-ospf-1-area-0.0.0.0]network x.x.x.x xx
[RTB-ospf-1-area-0.0.0.0]quit
[RTB-ospf-1] default-route-advertise type 1 cost x
```

在OSPF中通过“[RTB-ospf-1] default-route-advertise type 1 cost x”命令下发的默认路由暂时不会生效，因为本地默认路由暂时没有生效。

4）结果验证。命令如下：

```
[RTB]display ospf peer
[RTB]display ip routing-table
```

在RTB上查看OSPF邻接关系是否能够正常建立；查看RTB能否学习到其他网段的OSPF路由。

```
[SW1]display ip routing-table
[SW2]display ip routing-table
…
```

在其他运行OSPF协议的设备上查看IP路由表是否学习到RTB上相关网段的路由信息。

（5）旧设备下架处理

1）取消旧设备连接ISP2的接口IP地址。参考命令如下：

```
[H3C]interface Serial 2/0              # 此接口仅供参考
[H3C-Serial2/0]undo ip address
```

2）取消旧设备上默认路由配置。参考命令如下：

```
[H3C]undo ip route-static 0.0.0.0 0.0.0.0 xx
```

取消旧设备在OSPF中下发的默认路由配置。参考命令如下：

```
[H3C-ospf-1]undo default-route-advertise
```

在旧设备上关闭下发默认路由的操作，禁止内网的流量通过旧设备去往运营商，SW1和SW2上的默认路由下一跳指向新设备RTA，使校园网的业务流从新设备RTA去往运营商。

3）结果验证。命令如下：

```
[SW1]display ip routing-table
[SW1]tracert 8.8.8.8
[SW2]display ip routing-table
[SW2]tracert 8.8.8.8
…
```

首先查看SW1和SW2的路由表，发现它们去往运行商的默认路由确实都已指向新设备RTA；再用tracert命令测试数据层面流量，确实是经过新设备RTA到达网络出口的；最后测试用户业务是否可用，若都可用，表明此次割接初步成功，否则表示割接失败，需要按照回退操作进行回退。

4）连接ISP 2的线路切换。断开旧设备的出口，空出原有连接ISP 2的线路，将核心路由器RTB对接空出的ISP 2的链路。

5）配置新设备 RTB 连接 ISP 2 接口的 IP 地址。命令如下：

```
[RTB]interface Serial 1/0
[RTB-Serial1/0] ip address x.x.x.x  xx
```

配置的 IP 地址是旧设备连接 ISP 2 出口的 IP 地址。

6）结果验证。命令如下：

```
[RTB]ping 8.8.8.8
[SW1]display ip routing-table
[SW1]tracert 8.8.8.8
[SW2]display ip routing-table
[SW2]tracert 8.8.8.8
…
```

测试新设备 RTB 去往互联网的连通性；查看 SW1 和 SW2 的路由表，发现它们都多出一条默认路并且下一跳指向 RTB；再用 tracert 命令测试数据层面流量，确实能够经过 RTB 到达网络出口的；最后测试用户业务是否可用，若都可用，表明此次割接成功。

注意：在割接成功后必须保存设备配置，否则断电重启后配置丢失。

8.1.3 割接后操作

1. 数据采集及设备检查

1）收集设备软件配置/版本/硬件注册/设备告警等情况。常用命令如下：

```
display version          //显示设备软件版本
display device           //显示设备信息
display license          //查看 License 注册信息
display alarm            //显示设备告警
display cpu-usage        //显示 CPU 状态
display memory           //显示内存状态
display environment      //显示设备温度
display power            //显示电源状态
display fan              //显示设备风扇的工作状态
display logbuffer        //显示日志信息
```

2）收集端口状态。命令如下：

```
display ip interface brief
```

3）收集 OSPF 邻居状态及 OSPF LSDB 信息。命令如下：

```
display ospf peer
display ospf lsdb
```

4）收集 IP 路由表信息。命令如下：

```
display ip routing-table
```

5）收集设备生效配置。命令如下：

```
display current-configuration
```

2. IPV4 业务测试

1）业务连通性测试：

① 用 ping 测试业务连通性是否正常。

② 用 tracert 命令测试业务路径是否符合要求。

2）业务性能测试。通过 SmartBits、IXIA 等网络测试仪测试业务宽带和时延指标等是否达到业务要求。

8.1.4 应急回退预案

割接准备完成后，进行割接。如果割接失败，进行以下操作进行割接回退处理，以保证网络业务正常运行。

1）将所有已改动的配置备份一份，用于查找割接失败原因。

2）回退旧设备配置，重新在 RTC 上下发默认路由到全网，配置如下：

```
[RTC-ospf-1]default-route-advertise
```

3）旧设备上线，所有线缆接回原处。

割接回退后，网络恢复割接前状态，所有业务恢复。业务恢复后，带回备份的已改动配置。分析、定位原因并制定新的割接方案。

备注： 割接方案制定好后提交到相关负责人处进行审核，审定通过后必须有客户的签字。审核通过后根据具体的割接方案下发割接通知单到相关部门，其内容包括具体的割接时间、割接负责人、现场负责人、联系方式、所影响的业务以及具体割接方案等内容。

8.2 割接实施

割接工作中需要遵守相关的原则：

1）在割接工作中应该做到割接方案不确切不割接，割接所需要的资料不准确不割接，准备工作不充分不割接等。

2）割接人员必须具有高度的责任感，在割接过程中细致、认真，确保用户业务不受影响，尽量缩短割接时间，提高割接效率。

3）割接前准备好联络手段，确保割接中涉及的人员在割接进行时通信联络畅通。

8.2.1 割接操作

在割接中会有相关的文件需要签字确认。需要签字确认的地方必须要求相关人员签字确

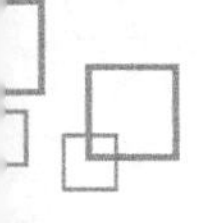

认，如有的割接工程里会涉及类似表 8 - 3 所示的“割接记录确认表”。

表 8 - 3

<table>
<tr><th rowspan="2">序 号</th><th rowspan="2" colspan="2">项 目</th><th colspan="2">检查结果</th><th rowspan="2">备 注</th></tr>
<tr><th>是</th><th>否</th></tr>
<tr><td rowspan="4">1</td><td rowspan="4">割接前检查</td><td>××电子函件</td><td></td><td></td><td></td></tr>
<tr><td>割接方案</td><td></td><td></td><td></td></tr>
<tr><td>割接工具是否带齐</td><td></td><td></td><td></td></tr>
<tr><td>实施人员是否到位</td><td></td><td></td><td></td></tr>
<tr><td rowspan="4">2</td><td rowspan="4">割接过程中检查</td><td>是否通知监控，记录人员工号</td><td></td><td></td><td></td></tr>
<tr><td>实施前是否确认设备情况</td><td></td><td></td><td></td></tr>
<tr><td>是否出现异常情况</td><td></td><td></td><td></td></tr>
<tr><td>如未完成，是否申请延长时间或者终止割接回退</td><td></td><td></td><td></td></tr>
<tr><td>3</td><td>割接结束</td><td>设备运行是否正常
业务连通是否正常</td><td></td><td></td><td></td></tr>
<tr><td colspan="6">割接测试情况：</td></tr>
<tr><td colspan="6">客户反馈：
反馈人员： 反馈时间：</td></tr>
<tr><td colspan="6">客户签名： 施工单位签名： 监理签名：</td></tr>
</table>

实施人员按照 8. 1 的割接方案进行现场设备切换及业务配置。

8. 2. 2 数据采集及业务测试

割接操作完成后收集网络中相关信息，测试业务连通性，并且记录到文档中。参考表 8 - 4进行收集测试，并确认是否完成收集。

表 8 - 4

<table>
<tr><th rowspan="2">测试内容</th><th rowspan="2">测试命令</th><th colspan="2">是否收集</th><th rowspan="2">备 注</th></tr>
<tr><th>是</th><th>否</th></tr>
<tr><td>链路连通性测试</td><td>ping -c 2000</td><td></td><td></td><td></td></tr>
<tr><td rowspan="4">设备信息收集</td><td>display version</td><td></td><td></td><td></td></tr>
<tr><td>display device</td><td></td><td></td><td></td></tr>
<tr><td>display license</td><td></td><td></td><td></td></tr>
<tr><td>display alarm</td><td></td><td></td><td></td></tr>
</table>

（续）

测试内容	测试命令	是否收集		备　注
		是	否	
设备信息收集	display cpu-usage			
	display memory			
	display ip interface brief			
	display ospf peer			
	display ospf lsdb			
	display ip routing-table			
	display current-configuration			
网络信息收集	ping 所有业务网段主机			
	ping 某 DNS 地址			
	tracert 某 DNS 地址			

实施人员签名：　　　　　　　　　　　　　　　　时间：

8.3 割接收尾

割接收尾阶段包括培训、割接验收、资料移交。

1）培训是把割接中用到的技术，最主要的是针对日常运维过程中需要用到的技术、软件工具进行培训，让客户能够进行网络的简单运维。

2）割接验收是针对完工后的网络进行测试，测试正常之后需要客户签字确认。

3）资料移交阶段将相关资料文档移交给客户负责人，同时通知客户项目已经实施完毕，转入运维阶段。

课堂小测试

1. 如果割接失败要怎么做才能规避风险？

   答案：割接失败执行割接回退，按照应急回退预案进行回退操作，恢复网络连通。

2. 通过什么命令查看设备是否注册 License？

   答案：display License

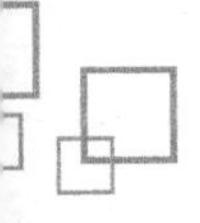

8.4 补充：××校园网割接前后组网要求

1. 割接前

（1）割接前组网拓扑图

割接前组网拓扑图如图 8－12 所示。

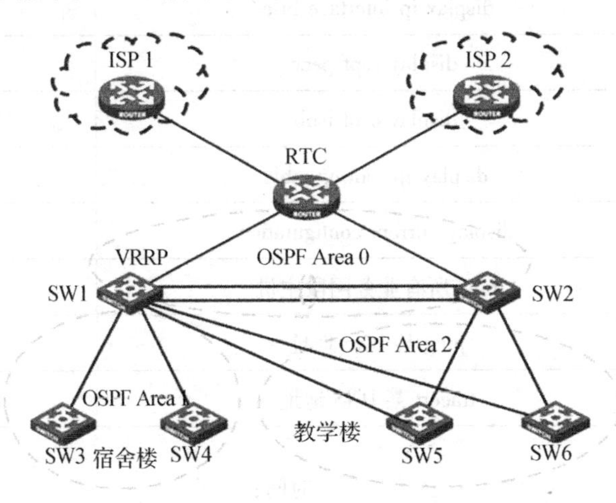

8－12

（2）局域网规划

1）VLAN。宿舍楼 SW3 上业务使用 VLAN10，宿舍楼 SW4 上业务使用 VLAN20，教学楼 SW5 业务使用 VLAN30，教学楼 SW6 业务使用 VLAN40 ，以保证业务之间能够隔离。SW1 通过 Vlan-interface 100 接口上连到 RTC，SW2 通过 Vlan-interface 200 接口上连到 RTC，SW1 和 SW2 之间通过 Vlan-interface 300 实现三层连接。

2）MSTP。教学楼业务使用 MSTP 保证网络无环路。通过合理的配置实例与 VLAN 的映射，以及实例中的根桥和备份根桥，VLAN30 业务流优先通过 SW1 转发，VLAN40 业务流优先通过 SW2 转发；并且当交换机故障时，能够互相备份。

3）VRRP。为了保证教学楼 VLAN30 和 VLAN40 业务网关冗余备份，在 SW1 和 SW2 上运行 VRRP。正常情况下 VLAN30 业务流经由 SW1 转发，VLAN40 业务流经由 SW2 转发，并且要求对上行链路进行监控，如果上行链路故障能够进行网关切换。

（3）路由规划

1）OSPF。校园内通过 OSPF 路由协议实现路由互通。RTC、SW1、SW2 三台设备互联接口运行在 OSPF 骨干区域。SW1 上的 VLAN10、VLAN20 业务网段运行在 OSPF 区域 1 中，SW1 和 SW2 上的 VLAN30、VLAN40 业务运行在 OSPF 区域 2 中。为了减少骨干区域路由条目，要求对 VLAN10、VLAN20、VLAN30 以及 VLAN40 业务网段路由进行聚合后再向骨干区域发布。

2）静态路由。RTC 上配置静态默认路由指向运营商，并把默认路由下发到 OSPF 网络中。

3）NAT。在 RTC 上通过合理的配置 NAT，允许教学楼的 VLAN30 和 VLAN40 业务能够访问运营商；宿舍楼 VLAN10 和 VLAN20 中的用户只能访问校园网中的业务，禁止访问运营商。

（4）安全性规划

交换机 SW1 和 SW2 之间的 VRRP 采用认证技术，防止非法设备对网关的抢占。

（5）IP 地址规划

根据组网要求自行规划 IP 地址。

2. 割接后

（1）割接后组网拓扑图

割接后组图拓扑图如图 8－13 所示。

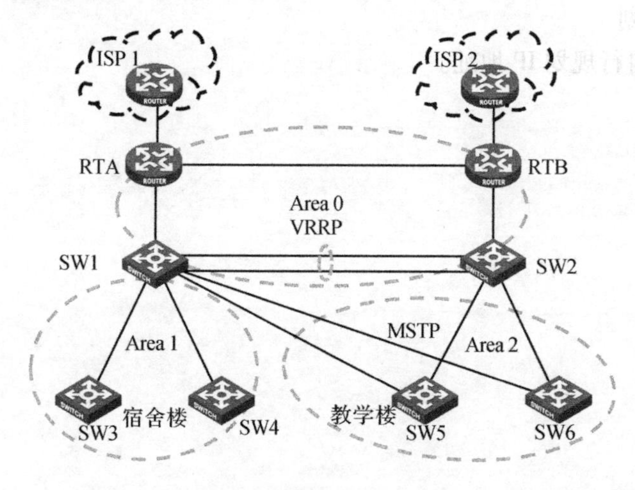

图 8－13

（2）局域网规划

1）VLAN。宿舍楼 SW3 上业务使用 VLAN10，宿舍楼 SW4 上业务使用 VLAN20，教学楼 SW5 业务使用 VLAN30，教学楼 SW6 业务使用 VLAN40 ，以保证业务之间能够隔离。SW1 通过 Vlan-interface 100 接口上连到 RTA，SW2 通过 Vlan-interface 200 接口上连到 RTB，SW1 和 SW2 之间通过 Vlan-interface 300 实现三层连接。

2）MSTP。教学楼业务使用 MSTP 保证网络无环路。通过合理的配置实例与 VLAN 的映射，以及实例中的根桥和备份根桥，VLAN30 业务流优先通过 SW1 转发，VLAN40 业务流优先通过 SW2 转发；并且当交换机故障时，能够互相备份。

3）VRRP。为了保证教学楼 VLAN30 和 VLAN40 业务网关冗余备份，在 SW1 和 SW2 上运行 VRRP。正常情况下 VLAN30 业务流经由 SW1 转发，VLAN40 业务流经由 SW2 转发，并且要求对上行链路进行监控，如果上行链路故障能够进行网关切换。

（3）路由规划

1）OSPF。校园内通过 OSPF 路由协议实现路由互通。RTA、RTB、SW1、SW2 四台设

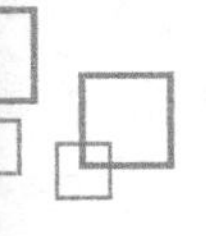

备互联接口运行在 OSPF 骨干区域。SW1 上的 VLAN10、VLAN20 业务网段运行在 OSPF 区域 1 中，SW1 和 SW2 上的 VLAN30、VLAN40 业务运行在 OSPF 区域 2 中。为了减少骨干区域路由条目，要求对 VLAN10、VLAN20、VLAN30 以及 VLAN40 业务网段路由进行聚合后再向骨干区域发布。

2）静态路由。RTA 和 RTB 上配置静态默认路由指向运营商，并把默认路由下发到 OSPF 网络中。

3）NAT。在 RTA 和 RTB 上通过合理的配置 NAT，允许教学楼的 VLAN30 和 VLAN40 业务能够访问运营商；宿舍楼 VLAN10 和 VLAN 20 中的用户只能访问校园网中的业务，禁止访问运营商。

（4）安全性规划

交换机 SW1 和 SW2 之间的 VRRP 采用认证技术，防止非法设备对网关的抢占。

（5）IP 地址规划

根据组网要求自行规划 IP 地址。

参考文献

[1] 王建平，李浩君，李文琴，等. 网络工程 [M]. 北京：清华大学出版社，2013.
[2] 雷震甲. 网络工程师教程 [M]. 4 版. 北京：清华大学出版社，2014.
[3] 孙兴华，张晓. 网络工程实践教程——基于 Cisco 路由器与交换机 [M]. 北京：北京大学出版社，2010.
[4] 陆魁军，等. 计算机网络工程实践教程——基于华为路由器和交换机 [M]. 北京：清华大学出版社，2005.
[5] 张宜. 网络工程组网技术实用教程 [M]. 北京：中国水利水电出版社，2013.
[6] 陈康. 计算机网络实用教程 [M]. 北京：清华大学出版社，2007.
[7] 胡胜红，毕娅. 网络工程原理与实践教程 [M]. 北京：人民邮电出版社，2008.
[8] 胡胜红，陈中举，周明. 网络工程原理与实践教程 [M]. 3 版. 北京：人民邮电出版社，2013.
[9] 杭州华三通信技术有限公司. 路由交换技术 [M]. 北京：清华大学出版社，2011.
[10] 杭州华三通信技术有限公司. 中小型网络构建与维护 [M]. 北京：清华大学出版社，2015.
[11] 王达. H3C 交换机配置与管理安全手册 [M]. 2 版. 北京：中国水利水电出版社，2013.
[12] 王波. 网络工程规划与设计 [M]. 北京：机械工业出版社，2014.